Der *Eid des Hippokrates* gehört zu jenen berühmten Texten der Menschheit, die man zwar oft zitiert, aber nicht wirklich kennt. In der gerade heute heftig ausgetragenen Diskussion über Fragen der ärztlichen Ethik führt ihn die eher konservativ gesinnte Seite der Ärzteschaft und Theologenzunft gern als Autoritätsbeweis ins Feld, während er von den Progressiven als veraltet beiseite geschoben und als untauglich zur Lösung der brennend aktuellen ethischen Probleme erklärt wird. Vorliegende Neuübersetzung und Interpretation dieses stilistisch meisterhaften Textes, der während Jahrhunderten die verpflichtende Norm und die Richtschnur des abendländischen Arztes war, versucht zu zeigen, daß der Eid zwar in einigen seiner Gebote und Verbote an seine Entstehungszeit gebunden ist, daß er aber in seiner Grundhaltung der Reinheit und Lauterkeit, Verschwiegenheit und unbedingten Ehrfurcht vor dem Leben heute und immer Maßstab und Kompaß für das ärztliche Gewissen sein kann.

Die Schrift *Von der heiligen Krankheit* nimmt unter den hippokratischen Traktaten eine zentrale Stellung ein: Sie gehört zu den Meilensteinen der Wissenschaftsgeschichte und besitzt in ihrem unbedingten Willen zur Wahrheit ewigen Vorbildcharakter.

insel taschenbuch 1882

Hippokrates
Der Eid des Arztes

Griechischer Arzt. Stele, um 480 v. Chr.
Antikenmuseum, Basel

Hippokrates
Der Eid des Arztes

Griechisch und deutsch

Von der heiligen Krankheit

Neu übersetzt und herausgegeben
von Kurt Steinmann

Insel Verlag

Umschlagabbildung: Asklepeios. Nach einem hellenistischen Relief des 4. Jhs. v. Chr., Paris, Louvre. Foto: Archiv für Kunst und Geschichte, Berlin

MEDICO AC AMICO MEO HANS KUMSCHICK

insel taschenbuch 1882
Erste Auflage 1996
Originalausgabe

Vertrieb durch den Suhrkamp Taschenbuch Verlag
Umschlag nach Entwürfen von Willy Fleckhaus
Satz: Otto Gutfreund, Darmstadt
Druck: Nomos Verlagsgesellschaft, Baden-Baden
Printed in Germany

1 2 3 4 5 6 – 01 00 99 98 97 96

Inhalt

Vorwort

Der *Eid des Hippokrates* gehört zu jenen berühmten Texten der Menschheit, die man zwar oft zitiert, aber nicht wirklich kennt. In der gerade heute heftig geführten Diskussion über Fragen der ärztlichen Ethik wie Schwangerschaftsabbruch und Tötung auf Verlangen führt ihn die eher konservativ gesinnte Seite der Ärzteschaft und Theologenzunft gern als Autoritätsbeweis ins Feld, während er von den Progressiven als veraltet beiseite geschoben und als untauglich zur Lösung der brennend aktuellen ethischen Probleme erklärt wird. Unsere Vorstellung und Interpretation dieses stilistisch meisterhaften Textes, der während Jahrhunderten die verpflichtende Norm und die Richtschnur des abendländischen Arztes war, versucht zu zeigen, daß der Eid zwar in einigen seiner Gebote und Verbote an seine Entstehungszeit gebunden ist, daß er aber in seiner Grundhaltung der Reinheit und Lauterkeit, Verschwiegenheit und unbedingten Ehrfurcht vor dem Leben auch heute und immer Maßstab und Kompaß für das ärztliche Gewissen sein kann.

Unter den hippokratischen Traktaten nimmt die Schrift *Von der heiligen Krankheit,* der Epilepsie, eine zentrale Stellung ein, unabhängig davon, ob der große koische Meister ihr Autor ist. Zwar erweist sich das vorgetragene Erklärungsmodell der Krankheit als Schleimfluß aus dem Gehirn in die Luft- und Blutbahnen vom heutigen Wissensstand aus als barer Unsinn, aber der unbedingte Wille zur Wahrheit, die Präzision der Beobachtungen und vor allem die Entdämonisierung des die Menschen konsternierenden Anfalls gehören zu den Meilensteinen der Wissenschaftsgeschichte. Dem Lug und Trug der Scharlatane mit ihrem Irrationalismus, Dogmatismus und Fanatismus wird mit begeistertem Schwung und großer Entschiedenheit der Fehdehandschuh des Verstandes und der Vernunft hingeworfen. In seinem Kampf gegen die Dummheit, Lügen und Vorurteile derjenigen, die glauben, die Wahrheit ein für allemal gepachtet zu haben, besitzt die Schrift ewigen Vorbildcharakter.

Kurt Steinmann

Ἱπποκράτης
Ὅρκος
Hippokrates
Der Eid

Ὅρκος

Α

1. Ὄμνυμι (ὀμνύω?) Ἀπόλλωνα ἰητρὸν καὶ Ἀσκληπιὸν καὶ Ὑγίειαν καὶ Πανάκειαν καὶ θεοὺς πάντας τε καὶ πάσας, ἵστορας ποιεύμενος, ἐπιτελέα ποιήσειν κατὰ δύναμιν καὶ κρίσιν ἐμὴν ὅρκον τόνδε καὶ συγγραφὴν τήνδε;

Β I

2. ἡγήσασθαί τε τὸν διδάξαντά με τὴν τέχνην ταύτην ἶσα γενέτῃσιν ἐμοῖσι, καὶ βίου κοινώσασθαι, καὶ χρεῶν χρηΐζοντι μετάδοσιν ποιήσασθαι, καὶ γένος τὸ ἐξ αὐτοῦ ἀδελφέοις ἶσον ἐπικρινέειν ἄῤῥεσι, καὶ διδάξειν τὴν τέχνην ταύτην, ἢν χρηΐζωσι μανθάνειν, ἄνευ μισθοῦ καὶ συγγραφῆς, παραγγελίης τε καὶ ἀκροήσιος καὶ τῆς λοιπῆς ἁπάσης μαθήσιος μετάδοσιν ποιήσασθαι υἱοῖσί τε ἐμοῖσι καὶ τοῖσι τοῦ ἐμὲ διδάξαντος, καὶ μαθητῇσι συγγεγραμμένοις τε καὶ ὡρκισμένοις νόμῳ ἰητρικῷ, ἄλλῳ δὲ οὐδενί.

Der Eid

A

1. Ich schwöre bei Apollon dem Arzt und Asklepios und Hygieia und Panakeia und allen Göttern und Göttinnen, sie zu Zeugen anrufend, daß ich erfüllen werde nach meinem Können und Urteil diesen Eid und diesen (Lehr)vertrag:

B I

2. Den, der mich diese Kunst gelehrt hat,[1] gleichzuachten meinen Eltern und das Leben mit ihm zu teilen und, wenn er das Notwendige benötigt (= in Not ist), ihm (an meinem) Anteil zu geben und seine Nachkommenschaft meinen Brüdern in männlicher Linie gleichzustellen und sie diese Kunst zu lehren, wenn sie diese erlernen wollen, ohne Entgelt und Vertrag, an Regeln und mündlichem Unterricht und dem ganzen übrigen Lernstoff Anteil zu geben meinen Söhnen und den Söhnen dessen, der mich unterrichtet hat,[2] wie auch Schülern, die den Vertrag unterzeichnet und auch sich eidlich verpflichtet haben nach ärztlichem Brauch, sonst aber niemandem.

B II

3. διαιτήμασί τε χρήσομαι ἐπ᾽ ὠφελείῃ καμνόντων κατὰ δύναμιν καὶ κρίσιν ἐμήν· ἐπὶ δηλήσει δὲ καὶ ἀδικίῃ εἴρξειν.

4. οὐ δώσω δὲ οὐδὲ φάρμακον οὐδενὶ αἰτηθεὶς θανάσιμον, οὐδὲ ὑφηγήσομαι συμβουλίην τοιήνδε; ὁμοίως δὲ οὐδὲ γυναικὶ πεσσὸν φθόριον δώσω.

5. ἁγνῶς δὲ καὶ ὁσίως διατηρήσω βίον τὸν ἐμὸν καὶ τέχνην τὴν ἐμήν.

6. οὐ τεμέω δὲ οὐδὲ μὴν λιθιῶντας, ἐκχωρήσω δὲ ἐργάτῃσιν ἀνδράσι πρήξιος τῆσδε.

7. ἐς οἰκίας δὲ ὁκόσας ἂν ἐσίω, ἐσελεύσομαι ἐπ᾽ ὠφελείῃ καμνόντων, ἐκτὸς ἐὼν πάσης ἀδικίης ἑκουσίης καὶ φθορίης τῆς τε ἄλλης καὶ ἀφροδισίων ἔργων, ἐπί τε γυναικείων σωμάτων καὶ ἀνδρείων, ἐλευθέρων τε καὶ δούλων.

8. ἃ δ᾽ἂν ἐν θεραπείῃ ἢ ἴδω ἢ ἀκούσω, ἢ καὶ ἄνευ θεραπείης κατὰ βίον ἀνθρώπων, ἃ μὴ χρή ποτε ἐκλαλέεσθαι ἔξω, σιγήσομαι, ἄῤῥητα ἡγεύμενος εἶναι τὰ τοιαῦτα.

B II

3. Diätetische Maßnahmen werde ich treffen zum Nutzen der Kranken nach meinem Können und Urteil, vor Schädigung und Unrecht aber sie bewahren.

4. Nie werde ich irgend jemandem, auch nicht, wenn man mich darum bittet, ein tödliches Mittel verabreichen oder auch nur einen derartigen Rat erteilen, ebenso werde ich keiner Frau ein keimvernichtendes Vaginalzäpfchen[3] verabreichen.

5. Lauter und redlich[4] werde ich bewahren mein Leben und meine Kunst.

6. Nie und nimmer fürwahr werde ich (Blasen) steinkranke operieren,[5] sondern sie abschieben zu werkenden Männern, die sich in diesem Gewerbe auskennen.

7. In wie viele Häuser ich auch eintrete, einkehren werde ich zum Nutzen der Kranken, mich fernhaltend von jedem vorsätzlichen Unrecht sowie jeder sonstigen Schädigung, insbesondere von sexuellen Beziehungen, sowohl mit weiblichen wie mit männlichen Personen, seien sie frei oder Sklaven.

8. Was immer ich bei der Behandlung (der Patienten) sehe oder höre oder auch außerhalb der Behandlung im Leben der Menschen, was man niemals ausplappern darf, darüber werde ich schweigen, da ich solches als heiliges Geheimnis achte.

C

9. ὅρκον μὲν οὖν μοι τόνδε ἐπιτελέα ποιέοντι καὶ μὴ συγχέοντι εἴη ἐπαύρασθαι καὶ βίου καὶ τέχνης δοξαζομένῳ παρὰ πᾶσιν ἀνθρώποις ἐς τὸν αἰεὶ χρόνον, παραβαίνοντι δὲ καὶ ἐπιορκέοντι τἀναντία τούτων.

C

9. Wenn ich also diesen Eid erfülle und nicht verletze, so möge mir beschieden sein, mich meines Lebens und meiner Kunst zu erfreuen, gerühmt bei allen Menschen bis in ewige Zeiten; wenn ich ihn aber übertrete und falsch schwöre, das Gegenteil von alledem.

(Übersetzung nach Edelstein und Lichtenthaeler)

Die Aktualität des Eides

»Es gibt viele Ärzte dem Namen nach,
in Wirklichkeit aber nur ganz wenige.«
(»Hippokrates«, »Gesetz«, Kapitel I)

Der sogenannte hippokratische Eid, die »Goldene Regel der Medizin«[6], war jahrhundertelang das Muster ärztlicher Standesethik und hat als solches die berufliche Haltung von Generationen von Ärzten bestimmt. Dieses Dokument berufsethischen Inhalts, Inbegriff der ethischen Verpflichtung des abendländischen Arztes, mit seinen rund dreißig Zeilen das kürzeste der gesamten hippokratischen Sammlung, gehört zu jenen Zeugnissen der antiken Überlieferung, die zwar oft genannt werden, aber nicht wirklich entsprechend bekannt sind. Worin liegen die Gründe für die Aktualität des Eides gerade heute? *Charles Lichtenthaeler,* von 1963-1983 Ordinarius für Medizingeschichte in Hamburg, der die erste erschöpfende Analyse dieser einmaligen Schrift geleistet hat – unsere Interpretation ist seinen Ausführungen stark verpflichtet –, nennt dafür folgende Gründe:[7]

1. Das allgemein verbindliche Wertsystem des christlich-abendländischen Äons sei nach 1945 mit diesem allmählich in Trümmer gefallen. Die Welt um uns gleiche mehr und mehr einem Heidenland mit wenigen christlichen Restbeständen. In unserer Massenzivilisation mit ihrem Agnostizismus und mystischen Pluralismus herrsche notwendigerweise ein ethisches Vakuum, die alten Tabus seien gefallen, jedes moralische Bezugssystem werde angezweifelt. Die Gesetze unserer demo-

kratischen Rechtsstaaten verlören an Gewicht und Geltung und würden legalistisch pervertiert. Wo sollten da die Ärzte noch ihre Kriterien für Gut und Böse hernehmen, wo ethische Fixpunkte finden?

2. Parallel dazu stelle der überschnelle technische und wissenschaftliche Fortschritt die Medizin vor neue und ungeahnte ethische Konflikte: Schwangerschaftsabbruch, künstliche Befruchtung, Gen-Manipulation, Organverpflanzung, Todespässe oder -testamente. Lichtenthaeler, für den der Eid neben dem Dekalog und der Bergpredigt eines der drei höchsten Zeugnisse abendländischer Ethik ist, ist überzeugt, daß dieser keineswegs nur historisch zu betrachten und heillos veraltet sei, sondern im Gegenteil Richtschnur sein könne auch in modernen ethischen Kontroversen[8]: »Unsere Ärzte haben das menschliche Leben auch dann noch für heilig zu halten, wenn unmoralische Gesetze sie dazu zwingen, dieses Gebot zu übertreten (vgl. den 4. Eid-Abschnitt), und sie dürfen in Diagnose und Therapie nicht alles tun, was sie rein technisch tun könnten (vgl. den 6. Abschnitt).«

Drei umstrittene Fragen

Neben verschiedenen Einzelproblemen sind vor allem drei Fragen in der Eid-Forschung umstritten: Stammt der Eid von Hippokrates selber? Wann wurde er abgefaßt? Wurde er vor oder nach Abschluß der Lehrzeit geschworen?

1. Ist der hippokratische Eid echt? Für die Spätantike, das Mittelalter und die Frühneuzeit stand die *Authentizität* des Eides außer Zweifel: Hippokrates war der Autor des berühmten kleinen Schriftstücks. Seit 1900 bahnte sich eine Wende an. Berühmte Philologen wurden hinsichtlich der Autorschaft immer unsicherer, und seit *Ludwig Edelsteins* Analyse der Schrift im Jahre 1943, die zu dem Ergebnis kam, daß der Eid ein durch und durch von pythagoreischer Philosophie durchdrungenes Dokument sei, das nicht vor dem 4. Jahrhundert vor Christus abgefaßt worden sein könne, getraute sich kaum ein Forscher mehr, den Eid Hippokrates persönlich zuzuschreiben. In diesem Sinn spricht man denn auch vom »hippokratischen Eid« und nicht mehr vom »Eid des Hippokrates«.

Eine reiche biografische Tradition umrankt das *Leben des Hippokrates,* des Begründers der rational-empirischen Medizin, des berühmtesten Arztes der Antike. Doch die Berichte über sein Leben und seine Person sind ungenau, legendär ausgeschmückt und angereichert mit Anekdoten. Die sicheren Fakten sind spärlich.

Hippokrates wurde um 460 vor Christus als Sohn des

Arztes Herakleides auf der Insel *Kos* vor der südwestlichen Küste Kleinasiens geboren. Ihr gegenüber lag Knidos, gleichfalls Sitz einer bedeutenden, vielleicht sogar älteren medizinischen Schule. Hippokrates gehörte der auf Kos ansässigen Familie der Asklepiaden an, einer Ärztegilde, die ihre Herkunft auf den Gott der Heilkunst Asklepios zurückführte. Mit dem koischen Asklepioskult, der verhältnismäßig jungen Datums ist und erst im ausgehenden 4. Jahrhundert sein berühmtes Asklepieion erhielt, hatte Hippokrates sicher keine engeren Beziehungen, steht doch Geist und Wirken der rationalen hippokratischen Medizin in völligem Gegensatz zu den Praktiken der Priester, wie wir sie aus Epidauros kennen. Die ionische Wissenschaft und die Aufklärung des 5. Jahrhunderts hatten die personale Einheit von Priester und Arzt endgültig aufgehoben.

Den ersten medizinischen Unterricht erteilte ihm sein Vater und dann vornehmlich der Gymnastiklehrer und spätere Diätetiker Herodikos von Selymbria; in der Rhetorik soll ihn Gorgias, in der Philosophie Demokrit unterrichtet haben. Hippokrates hat zunächst als Asklepiade auf Kos gewirkt. Glaubhaft ist, daß er sich zum Erwerb möglichst breiter Kenntnisse auf weite Reisen begeben hat. Bestimmt ist er in Thrakien gewesen und hat auf Thasos, in Abdera, in Larissa und auf Kyzikos als Wanderarzt praktiziert. Er starb hochbetagt in Larissa in Thessalien, wo man sein Grab noch lange zeigte. Wie Hippokrates selbst Sohn und Enkel von Ärzten war, so standen auch seine beiden Söhne Drakon und Thessalos und sein Schwiegersohn Polybos im Dienst der Heilkunst.

Der hohe Rang des Hippokrates war schon bei den antiken Autoren unbestritten. *Platon* erwähnt ihn zweimal (Protagoras 311 B und Phaidros 270 C), *Aristoteles* (Politik VII 4, 1326 a 15) nennt ihn den »Großen«: »... wie man den Hippokrates nicht als Mensch, sondern als Arzt größer nennen wird als jemanden, der sich durch körperliche Größe auszeichnet.« Für *Plinius* (naturalis historia VII 171) ist er der »princeps medicinae«. Der Arzt *Galen* preist ihn als den »Göttlichen«, als »den ersten aller Ärzte und Philosophen«, *Athenaios* nennt ihn den »Heiligsten«. Als halbmythische Idealfigur ist er in die Religion (Jesus als »Geistlicher Hippokrates«) und in die mittelalterlichen Legendenbücher eingegangen.

Unter dem Namen des Hippokrates sind über 100 griechische und gegen 30 lateinische Schriften überliefert worden, von denen ein großer Teil als späte Fälschung von vornherein wegfällt. Die in den guten Handschriften überlieferten, durchwegs im ionischen Dialekt geschriebenen Bücher machen ungefähr die Hälfte der gesamten Zahl aus und bilden das sogenannte *Corpus Hippocraticum,* wie es die zehnbändige Ausgabe (1839-1861) E. Littrés enthält. In ihr sind 58 Schriften in 73 Büchern vereinigt. Das Corpus enthält inhaltlich und formal heterogenste Schriften aus rund 500 Jahren, über deren Echtheit schon seit dem Hellenismus von Grammatikern und Ärzten diskutiert worden ist. Galen hat der Frage der Echtheit ein eigenes Buch gewidmet, und sie ist auch heute noch im Fluß. Die Vorsicht in der Zuschreibung an den koischen Meister ist dabei im Laufe der Zeit gewachsen. E. Tabeling[9] schrieb 1969: »Trotz aller Fortschritte gilt noch immer, daß es nicht möglich ist, die genuin hippokratische Herkunft auch nur einer einzigen Schrift mit zwingenden Argumenten zu beweisen. Dies gilt auch für den im ›Corpus Hippocraticum‹ überlieferten Eid.«

Gegen diesen hippokratischen Skeptizismus und Minimalismus hat Lichtenthaeler in seiner Eidstudie, die absichtsvoll den Titel »Der Eid des Hippokrates« trägt, energisch und wohlbegründet Einspruch erhoben. Mit letzter Sicherheit sei die Echtheit des Eides zwar nicht zu beweisen, doch durch Vergleiche dieses kleinen Schriftstücks mit »echten« hippokratischen Traktaten, deren Echtheit er wiederum durch Analyse einer Stelle aus Platons »Phaidros« (269 d bis 270 d) erschloß, gelangt Lichtenthaeler zum »praktisch sicheren« Schluß[10]: »Unser Eid ist höchstwahrscheinlich ein Asklepiadeneid und ebenso wahrscheinlich ein Werk des Hippokrates selbst.«

2. Auch die *Datierung* des Eides ist kontrovers. Sie schwankt zwischen dem frühen 6. und 1. vorchristlichen Jahrhundert. Wiederum mit Vorsicht neigt der Hamburger Medizinhistoriker dazu, den Eid in die Jahre 420-400 vor Christus zu datieren[11]. Neben altertümlichen Elementen enthalte der Eid auch »Modernstes«, und gerade in die Auseinandersetzung zwischen Altem und Neuem sei er zeitlich anzusetzen. Der Einfluß der damals blühenden Sophistik sei im Eid in den Abschnitten über die Lehrbarkeit der ärztlichen Techne, über die Gleichstellung von Freien und Sklaven im 7. Abschnitt und in Komposition und Stil deutlich faßbar.

3. Und die dritte umstrittene Frage: *Wann* wurde der Eid des Hippokrates geleistet, am Ende oder zu Beginn

der Lehrlingszeit? Der überwiegende Teil der Forschung nimmt an, daß der Schüler den Eid nach seiner Ausbildungszeit schwor und damit zum frischgebackenen Meister wurde. Auch hier verficht Lichtenthaeler eine abweichende These. Die übliche Annahme der Eidleistung nach Abschluß der Lehrzeit sei eine ungeziemende Übertragung universitärer Gepflogenheiten, wie sie seit dem Mittelalter üblich waren, auf den altgriechischen Eid. Es sei erwiesen, daß er nicht am Ausgang der Lehrlingszeit geleistet wurde, sondern an deren Schwelle. Neben einem sprachlichen »Beweis« – er übersetzt ein griechisches Partizip Aorist zu Beginn des 2. Abschnitts nicht gerade überzeugend futurisch, faßt es also als ingressiv auf – bringt er, diesmal einleuchtender, inhaltliche Argumente, u. a.: Wäre der Adept nicht zu Beginn der Ausbildungszeit vereidigt worden, hätte er doch Werkstattgeheimnisse und Fakten über Patienten ausschwatzen können, was strikte dem Schweigegebot in Punkt 8 des Eides widersprach.

Der Eid: Ein Sprachkunstwerk

Der Eid des Hippokrates ist der einzige ärztliche Eid aus der Antike, der uns erhalten geblieben ist. Andere Eide als die ärztlichen hingegen gab es im Altertum in Fülle (attischer Richtereid, attischer Ephebeneid). Erstaunlich ist, daß sich die Antike über diese Schrift nahezu ausschweigt. Erst im ersten nachchristlichen Jahrhundert wird der Eid von mehreren Autoren ausdrücklich erwähnt. So zitiert ihn z. B. der römische Arzt Scribonius Largus (unter Kaiser Claudius), um seine Forderung zu bekräftigen, der Arzt dürfe niemanden töten, nicht einmal seinen Feind. Er ist ein typisch promissorischer Eid, der die Aufrichtigkeit einer Zusage, eines Versprechens beschwört und damit zukunftsbezogen ist, im Gegensatz zum assertorischen Eid, der die Wahrheit einer Aussage beteuert, gewöhnlich vor Gericht, und sich damit auf Vergangenes bezieht.

Unser im ionischen Dialekt verfaßter Eid – Ionisch wurde von den Autoren medizinischer Schriften während der ganzen Antike fast immer bevorzugt – ist ein nach Komposition und Stil vollkommen durchgearbeitetes Stück gorgianischer Kunstprosa von unerhörter künstlerischer Vollendung. Lichtenthaeler hat uns dies erstmals so deutlich zu sehen gelehrt. Nicht weniger als 20 rhetorische Figuren mit über 60 Einzelbeispielen hat er in diesem kleinen Prosastück entdeckt. Er attestiert ihm »eine in der gesamten Weltliteratur vielleicht einmalige Pracht und Üppigkeit rhetorischer Ornamentik«[12]

und wagt, vielleicht ein wenig übertreibend, den Satz: »Der Hippokratische Eid gehört ... zu den Meisterwerken der Weltliteratur«[13].

Gleich auf den ersten Blick ist die kunstvolle Gliederung zu erkennen. Den Rahmen bilden die Abschnitte A und C: der Anruf der Schwurgottheiten am Anfang, die Selbstbindung des Schwörenden mit dem Segenswunsch und der Verfluchung am Ende gehören zum Eidesritual. Teil B enthält das Thema des Eides. In B I (Punkt 2) steht der Lehrvertrag, der die Rechte und Pflichten des Schülers seinem Meister gegenüber genau festlegt. B II (P. 3-8) beinhaltet den sogenannten Sittenkodex, eine kurze Zusammenfassung ärztlicher Ethik, die die Pflichten des Schülers gegenüber seinen Kranken und ihrer Umgebung bestimmt. Nicht zufällig steht in der Mitte von B (B I und B II, die P. 2-8 als Pflichtenkatalog zusammengefaßt) der zentrale Satz: »Lauter und redlich werde ich bewahren mein Leben und meine Kunst.« Inhaltlich korrespondieren nach der rhetorischen Figur der verschachtelten Ringstruktur die Punkte 2 und 8, 3 und 7, 4 und 6 bis in feine Einzelheiten miteinander[14].

Interpretation

Zu 1:
Eine viergliedrige ärztliche Götterfamilie mit Vater, Sohn und zwei Enkelkindern wird angerufen als Zeugen, Bürgen und Richter dieses Eidritus. Apollon wird als Arzt angerufen, was zu seinem Wesen als Gott der Reinigung und Sühnung, der Ordnung und Harmonie (Musik) und auch der Weissagung gehört (auch der Arzt deutet in seinen Prognosen die Zukunft). Auch sein Sohn Asklepios ist Heilgott, auch thessalischer Urahn und Stifter des patrizischen Ärztegeschlechts der Asklepiaden. Später löst Asklepios Apollon in seiner Funktion als Heilbringer allmählich ab und wird in nachklassischer Zeit zum Inbegriff des Gottes der Heilkunde. Hygieia und Panakeia sind ihrerseits Töchter des Asklepios. Beide tragen redende Namen: »Gesundheit« und »Allheilerin«; die alte Medizin verstand sich vornehmlich als Hygiene und Therapie. Der Schwörende verspricht, seinen Schwur vollauf zu erfüllen, allerdings in den Grenzen seiner persönlichen Möglichkeiten (angeborene und erworbene Eigenschaften und die zur Verfügung stehenden Mittel) und seiner Urteilsfähigkeit (das verwendete Wort »krisis« bedeutet ursprünglich das Unterscheidungsvermögen bei der Prognosestellung wie bei der therapeutischen Indikation). Der Eid stellt keine absoluten Forderungen, sondern verlangt in Anbetracht der menschlichen Unvollkommenheit nur das, was jeder Schüler kraft seiner ureigenen Befähigung leisten kann.

Zu 2:
Was aus Mangel an jeder öffentlich-rechtlichen Garantie vor den Göttern eidlich bekräftigt wird, ist ein privater Lehr- und Familienvertrag, der die Rechte und Pflichten des Schülers im Hinblick auf seinen Meister, dessen Söhne, die eigenen Söhne und die künftigen eigenen familienfremden Schüler festlegt. Der Eid ist ein typisches Zeugnis für die Erweiterung einzelner Ärztesippen durch die Aufnahme von familienfremden Schülern; Ärztegeschlechter adoptieren familienfremde Schüler und führen sie in die ärztliche Kunst ein gegen Entgelt unter festbestimmten und durch das Familienrecht vorgeschriebenen Bedingungen.

Im Hippokratischen Eid steht ein bestimmter Schüler einem einzigen Lehrer gegenüber. Dieser Eid ist also kein »Standes-« oder »Gildeneid«, mit ihm wird der Schüler nicht Mitglied eines Ärztestandes oder einer Zunft. Er tritt vielmehr in eine Hausgemeinschaft ein, deren Haupt sein künftiger Lehrer und Meister ist. Der ärztliche Lehrling wird seinen Meister wie als einen Vater »betrachten« und »verehren«, verdankt er ihm doch seine geistige Existenz; der Meister wird zum Adoptivvater des neuen und familienfremden Schülers. Dieser verpflichtet sich, zeitlebens um das Wohlergehen seines Lehrers besorgt zu sein. War der Meister aus irgendwelchen Gründen nicht in der Lage, die eigenen Söhne in der ärztlichen Techne auszubilden (in Diagnose, Prognose und therapeutischer Indikation), dann hatte der Schüler an seine Stelle zu treten als ihr neuer Vater und Meister. Er vermittelte ihnen das medizinische Wissen in Form von Maximen und Ratschlägen, mündlichen

Vorlesungen (die erste Erwähnung dieser Lehrform!) und durch Unterweisung in der Praxis der ärztlichen Techne (chirurgische Kunstgriffe, Herstellung von Medikamenten, Patientenuntersuchung, Abfassung von Krankengeschichten). Wie im 1. Eid-Abschnitt drei Göttergenerationen auftraten, so ist im 2. Abschnitt von drei Ärztegenerationen die Rede: vom Meister, seinen leiblichen Söhnen und den von ihm adoptierten Schülern und drittens von deren eigenen Söhnen und adoptierten Schülern. Eid, Honorar und Vertrag werden nur von außenstehenden Schülern verlangt. Allein die leiblichen Söhne und vereidigten Schüler durften ausgebildet werden, »sonst aber niemand«. Damit ist klar ausgesprochen, daß für den hippokratischen Arzt sein ärztliches Wissen und Können Berufsgeheimnis ist. Die Preisgabe dieses Geheimnisses an Außenstehende wird eindeutig verworfen[15].

Zu 3:
Dieser Abschnitt handelt von der Diät, die zu verordnen ist. Unter »diätetischen Maßnahmen«[16] werden vor allem Speisen und Getränke verstanden, aber auch Physiotherapie, Bäder und Heilgymnastik. Die Diät steht im Eid vor den Arzneimitteln (4. Abschnitt) und der Chirurgie (6. Abschnitt), denn die Diätetik tritt zwar später als Chirurgie und Heilmittellehre auf, wird aber allmählich zur wichtigsten therapeutischen Disziplin.

Der Arzt hat den Leidenden unter allen Umständen zu nützen – vgl. die berühmte Stelle im I. Buch der hippokratischen »Epidemien«: »Nützen oder wenigstens nicht schaden« – und dazu die Pflicht, jeden Schaden von ihnen abzuwehren, woher immer er komme, ob von den Patienten selbst oder ihrer Umgebung. Wie im 1. Abschnitt gilt auch im 3. das Versprechen nur im Rahmen menschlicher Beschränkung.

Zu 4:
In diesem Abschnitt wird dem Arzt, der damals sein eigener Apotheker war, jede ärztliche Beihilfe zu Selbstmord und Abtreibung verboten. Freitod war in der Antike keine Seltenheit, die meisten Philosophen verwarfen ihn nicht grundsätzlich. Einen Gifttrank einzunehmen war außerdem die übliche Weise, freiwillig aus dem Leben zu scheiden. Selbst die Leiden sind einzeln genannt, die nach Meinung der Antike einen Freitod[17] rechtfertigen: Unerträgliche Schmerzen in der Blase, im Magen und im Kopf. Der Eid entspricht in keiner Weise der Norm seines Zeitalters, waren doch sowohl die Beihilfe zum Selbstmord als auch zur Abtreibung weder mit einer gesellschaftlichen noch mit einer rechtlichen und religiösen Ablehnung verbunden. Die Ethik des Eides ist somit nicht Durchschnittsethik, sondern fordert als Zeugnis einer Minorität die übrigen Ärzte und wohl auch die abgewiesenen Patienten zum Widerspruch heraus. Dem Eid kommt keine öffentlich-rechtliche Verbindlichkeit zu. Er ist so etwas wie das private und berufliche Sittengesetz einer elitären altgriechischen Ärztesippe.

Wie der Selbstmord war auch die Fruchtabtreibung in der griechischen Antike häufig. Medizinische Schriften aller Epochen nennen die Mittel zur Vernichtung des Embryo und die Situationen, in denen sie angewandt werden sollen. Für Platon gehörte die Vernichtung des Embryo zu den festen Institutionen des Idealstaates. Aristoteles sieht in der Abtreibung das beste Verfahren, die Bevölkerungszahl in den Grenzen zu halten, die er als eine wesentliche Voraussetzung für eine gute Staatsverfassung betrachtet: »... die Zahl der Kinder soll eine Grenze haben, und wenn ein Kind durch die Vereinigung über diese Grenze hinaus entsteht, so soll man es entfernen, bevor es Wahrnehmung und Leben erhalten hat«[18].

Auch beim Abtreibungsverbot, das dem Arzt die Abgabe des »keimvernichtenden Vaginalzäpfchens« verbietet – dieses steht nach Lichtenthaeler wohl stellvertretend für alle Abortivmittel –, verlangt der Eid also dem Adepten Versprechen ab, die weit über das Landläufige hinausgingen. Diese hohe ärztliche Ethik hatte für den Eidleistenden zweifellos Nachteile: menschlichen Nöten mußte er mit Härte begegnen, auf gute Einkünfte verzichten.

Lichtenthaeler[19] sieht im Abtreibungsverbot den Niederschlag eines früheren, patrizisch-genealogischen Denkens. Die Kontinuität der Generationen durfte vom Menschen nicht willkürlich abgebrochen werden. Die Lebenserhaltung ist absolute Norm. Diese Begründung des Abortionsverbots lehnt Ch. Triebel-Schubert[20] ab: Kindesaussetzung, Kindestötung und vielfältige Formen der Abtreibung seien zahlreich belegt und zwar frei von gesellschaftlichem Makel. Sie schlägt vorsichtig eine völlig andere Theorie vor: Das strikte Abtreibungsverbot des Eides basiere auf bestimmten, damals neuen *biologischen* Spekulationen über den Beginn des Lebens:

»Zu erklären ist dies (die oben zitierte zeitliche Limitierung der Abtreibung durch Aristoteles) durch Aristoteles' Vorstellung von der Beseelung des Fötus. Der Fötus verfügt schon grundsätzlich über die Nährseele und die Empfindungsseele, allerdings nur in der Anlage, als potentiellen Faktor, nicht in Wirklichkeit. Wann genau dieser Übergang zwischen potentieller Fähigkeit und deren Realisierung anzusetzen sei, d. h. wann der Fötus als Leben zu bezeichnen sei, gibt Aristoteles nicht exakt an. Die Interpretation der aristotelischen Texte reicht dabei vom 40. bis zum 90. Tag (der Differenz zwischen männlichem und weiblichem Beginn des Lebens) bis zu dem traditionellen Datum, dem Tag der Geburt, an dem erst die Seele in den Körper eintrete.« Triebel-Schuberts Interpretation hätte, falls sie richtig ist, Auswirkungen auf die Datierung des Eides. Er wäre dann wohl ins 4. Jahrhundert vor Christus zu datieren (die Autorin geht auf diese Konsequenz nicht ein). Auch »die Verbindung mit dem Gedankengut der Sophistik sei« – wiederum gegen Lichtenthaelers Ansicht – »problematisch«[21].

Zu 5:
Dieser Punkt ist der einzige Abschnitt, der im übrigen Eid-Text kein Gegenstück findet. Es ist der kompositorisch und inhaltlich zentrale Satz, er bestimmt den Geist und die Gesinnung, in welchen alle anderen mehr speziellen und technischen Versprechen des Pflichtenkatalogs zu erfüllen sind. Es ist der Geist der Reinheit und der Sinn für das Rechte und Billige, als dessen Personifikation und Garant Apollon im 1. Abschnitt genannt ist, der Vater des Urahns der Asklepiaden.

Zu 6:
Nach Diätetik (Abschnitt 3) und Pharmakologie (Abschnitt 4) nun die Chirurgie. Hier wird den künftigen Ärzten nur ein einziger chirurgischer Eingriff verboten, der Blasensteinschnitt. Blasensteine waren damals eine häufige Erkrankung, wohl verursacht durch die schlechte Qualität des Trinkwassers. Warum lehnten die Ärzte nur diesen einen chirurgischen Eingriff ab, diesen aber desto kategorischer? Die Antwort ist umstritten. L. Edelstein[22] behauptet entschieden: ». . . mit dem Blasensteinschnitt will der Eid die Chirurgie im ganzen aus dem Aufgabenbereich des Arztes ausschließen.« Ihm erschien unser Eid als ein pythagoreisches Manifest, als ein typisches Werk pythagoreischer Ärzte des späten vierten vorchristlichen Jahrhunderts. Aus deren rigiden Ethik erklärt sich seiner Meinung nach am besten das absolute Verbot jeder Mittäterschaft bei Selbstmord und Abtreibung, und aus der Tatsache, daß pythagoreische Ärzte die Chirurgie weniger hoch einschätzten als Diätetik und Pharmakologie, schloß er, daß auch der »Dammschnitt« in Abschnitt 6 im pythagoreischen Geist unterlassen wurde.

Punktuelle pythagoreische Einflüsse auf den Eid sind denkbar, doch der Eid als Ganzes ist kein pythagoreischer Text. Gegen die »Pythagoreisierung« unseres Eides hat Lichtenthaeler überzeugend Einspruch erhoben. Die Ärzte waren doch zu jener Zeit ihre eigenen Chirurgen: Wenn sie einen Eingriff ablehnten, geschah das darum, weil der Steinschnitt ein äußerst riskanter Eingriff war, unvereinbar mit dem Gebot, unter allen Umständen zu nützen, und weil er noch obendrein die Zeugungsfähigkeit gefährdete, also einer indirekten Kastration gleichkam[23]. Wurden die Schmerzen zu groß, wurden die Verzweifelten zu »Lithotomen«, zweitrangigen »werkenden Männern«, »abgeschoben«, »fortgedrängt«, deren Tätigkeit respektlos nicht als Techne (wie bei den Ärzten), sondern als »Gewerbe« oder »Geschäft« bezeichnet wird[24].

Zu 7:
Im 3. Abschnitt bekämpft der Arzt alles Unheil, das von den Patienten selber oder ihrer Umgebung ausgehen könnte, während im darauf bezogenen 7. Abschnitt die Rede ist von Übeltaten, die der Arzt selbst in den von ihm betretenen Häusern begehen mochte; seine privilegierte Stellung durfte er in keinerlei Weise mißbrauchen. Er hat den Patienten allen Nutzen zu bringen und sich fernzuhalten von jedem vorsätzlichen Unrecht, jeder Schädigung und sexuellen Beziehung, ohne Unterschied des Geschlechts oder der sozialen Stufe. Zum erstenmal in der Geschichte wird der Gedanke ausgesprochen, daß die Menschen, insofern sie Leidende sind, einander gleich sind. Mit der Nennung der »männlichen Körper« oder »Personen« wird die weitverbreitete Knabenliebe verboten.

Nach Lichtenthaeler steht der Eid mit der Forderung der Gleichheit von Freien und Sklaven – wie im Herausstellen der Lehrbarkeit der ärztlichen Techne und in der stilistischen Ausarbeitung – deutlich unter sophistischem Einfluß[25]. Er zitiert den Gorgias-Schüler Alkidamas: »Gott hat alle Menschen freigelassen; die Natur hat niemanden zum Sklaven gemacht.«

Zu 8:
Das erste Zeugnis der ärztlichen Schweigepflicht in der gesamten Medizingeschichte. Der Bereich, der der Schweigepflicht unterliegt, ist in unserer Schrift ungleich weiter gespannt als für heutige Ärzte. Er umfaßt alle möglichen Geheimnisse, während und außerhalb der ärztlichen Betreuung: alles, was der Arzt sieht und hört und das Leben der Menschen betrifft und verschwiegen werden muß, nicht allein das der Kranken. Das Vertrauen des Patienten darf nicht abhängig gemacht werden von der oft fließenden Grenze zwischen eigentlicher Behandlung und davon zu trennendem privatem Gespräch[26]. Heutzutage wird der Bruch dieses Gelöbnisses standes- und strafrechtlich verfolgt, damals ersetzten die Götter, vor allem Zeus und Dike, die Göttin der Gerechtigkeit, die öffentlichen Richter.

Zu 9:
Wenn der Arzt in den Grenzen des Menschenmöglichen seine Gelöbnisse vollauf erfüllt, dann wünscht er sich Erfolg im Leben und in der ärztlichen Kunst – durchaus auch materiellen Erfolg. Einen automatischen Anspruch darauf aber hat er nicht, über Glück und Unglück entscheiden die Götter allein in freier Allmacht, darum im griechischen Text der Optativ.

Außerdem träumt er von Ruhm »bei allen Menschen bis in ewige Zeiten«, ein Zeugnis für das allgemeine griechische Streben nach Nachruhm, die einzig vorstellbare und sichere Form des Nachlebens, zum Beispiel mittels Ehreninschriften. Um sich selbst zu binden, wünscht sich der Schwörende »Das Gegenteil von alledem«, wenn er seinen Eid bricht: Unglück jeder Art, Krankheit, ärztliche Kunstfehler, materielle Not usw. Festzuhalten bleibt noch, daß die ausdrückliche Selbstverfluchung ursprünglich zu jedem Eid gehörte.

Ist der Eid veraltet?

In vielerlei Hinsicht gewiß. Seit dem Hochmittelalter haben medizinische Fakultäten Privatunterricht und Adoption abgelöst, in unserem säkularisierten Zeitalter ersetzen die Strafrichter die göttlichen Instanzen, heutige Urologen entfernen Blasensteine ohne Schwierigkeiten[27].

Lichtenthaeler[28] schreibt dazu: »Was dem Buchstaben nach obsolet erscheint, braucht es im Geiste und in der tieferen Absicht noch längst nicht zu sein. Der 6., ›urologische‹ Abschnitt zum Beispiel zeugt in der altgriechischen Urfassung von einer uneingeschränkten Achtung vor der ärztlichen Techne und vor dem Patienten, dem der Schüler nicht im geringsten schaden darf. Denken wir nun an die zahllosen chirurgischen Eingriffe, die heute weltweit und alltäglich ohne zwingende Indikation[29] vorgenommen werden und den Patienten entweder nichts nützen oder ihre Beschwerden gar noch vermehren.«

Der 6. Abschnitt ist auch gültig hinsichtlich des schon erwähnten Grundsatzes: »Man darf nicht alles tun, was man rein technisch tun könnte«[30]. Und E. Tabeling schreibt:[31]: »Nicht überholt und nicht überholbar ist der humane Gedanke, daß das Tun des Arztes einer sittlichen Verantwortung untersteht. Der für den Laien unvorstellbare Fortschritt auf dem Gebiet der Medizin hat nichts daran geändert, daß das Berufsethos der Ärzte sich bis auf den heutigen Tag den Grundsätzen des hippokratischen Eides verpflichtet weiß. Seine Bestimmungen sind in alle modernen Kodifikationen der ärztlichen Berufspflichten eingegangen ...« So auch in das bekannte »Genfer Arztgelöbnis«, das in allen seinen Teilen auf dem Eid des Hippokrates basiert.

Das Genfer Arztgelöbnis

Das »Genfer Gelöbnis« (»Serment d' Hippocrate, formule de Genève« bzw. »The Hippocratic Oath formulated at Geneva«), auch »Deklaration von Genf« genannt, entstand 1948 als Reaktion auf die verbrecherischen Versuche an Menschen und das Euthanasieprogramm der NS-Ärzte, über die im Nürnberger Ärzteprozeß 1946/47 geurteilt worden war[32]. Die Ausarbeitung und Verabschiedung dieser ethischen Grundsätze war eine der ersten Aktivitäten des neu gegründeten Welt-Ärztebundes (»World Medical Association«); die Anerkennung dieses Gelöbnisses war die Voraussetzung dafür, daß die »World Medical Association« Ende der vierziger Jahre bereit war, die deutschen Ärzte wieder in ihre Reihen aufzunehmen.

Die Übersetzung der im Urtext in englischer[33] Sprache formulierten Zeilen lautet[34]:

Im Zeitpunkt meines Eintritts in den ärztlichen Beruf verpflichte ich mich feierlich, mein Leben dem Dienst an der Menschheit zu weihen.

Ich werde meinen Lehrern die schuldige Achtung und Dankbarkeit entgegenbringen.

Ich werde meinen Beruf gewissenhaft und würdig ausüben.

Die Gesundheit meines Patienten wird meine erste Sorge sein.

Ich werde die mir anvertrauten Geheimnisse wahren.

Mit allen mir zur Verfügung stehenden Mitteln werde ich die Ehre und die edlen Traditionen des Ärzteberufes aufrechterhalten.

Meine Kollegen sollen meine Brüder sein.

Ich werde es nicht zulassen, daß religiöse, nationale, rassische, Partei- oder Klassengesichtspunkte zwischen meine Pflicht und meinen Patienten treten.

Ich werde das menschliche Leben von der Empfängnis an bedingungslos achten.

Selbst unter Drohungen werde ich nicht meine ärztlichen Kenntnisse entgegen den Geboten der Menschlichkeit anwenden.

Ich verspreche dies alles feierlich, freiwillig und auf meine Ehre.

In der moralischen Bewertung dieses Gelöbnisses gehen die Ansichten diametral auseinander. Lichtenthaeler[35] nennt es »auffallend blaß, hohl und vor allem heillos unverbindlich, mehr ein Zeugnis ethischer Ratlosigkeit als eine wahre moralische Instanz und Stütze für die kommenden Ärztegenerationen«. Anders urteilt R. Tölle-Kastenbein[36], die die beiden Dokumente Punkt für Punkt vergleicht: »Insgesamt betrachtet ist kein fundamentaler, wesensmäßiger Unterschied zwischen dem Genfer Arztgelöbnis und dem Hippokratischen Eid gegeben.« Sicher ist, daß der moderne Text kein sprachliches Kunstwerk mehr ist und von einem teils religiösen, teils profanen Dokument zu einem rein weltlichen umfunktioniert wurde.

Ohne auf einen detaillierten Vergleich der beiden Texte einzugehen, ist sofort ersichtlich, daß die Verpflichtungen, die medizinische Lehre auf einen fest definierten Kreis von Schülern zu begrenzen und eine bestimmte Operation nicht durchzuführen, heute entfallen müssen, daß die Forderung nach Pietät gegenüber dem Lehrer im 2. Abschnitt des Gelöbnisses enthalten ist, daß die hippokratische Gleichschätzung der Söhne des medizinischen Lehrers und der eigenen Brüder ihren Niederschlag im Satz findet, daß sich die Ärzte-Kollegen gegenseitig verpflichten, sich wie Brüder zu verhalten, daß die ärztliche Schweigepflicht im Gelöbnis um ihrer Bedeutung willen nach vorn gezogen und die Forderung nach Unabhängigkeit von religiösen, nationalen, rassischen, parteipolitischen und klassenmäßigen Kriterien darin stark akzentuiert wird.

Auffällig ist, daß die Bestimmung, keine zum Tod führenden Mittel zu verabreichen und keinen Rat in dieser Hinsicht zu erteilen, selbst auf Ersuchen nicht, nicht explizit ins »Genfer Arztgelöbnis« aufgenommen wurde, mochte sie auch im 3., 4. und 9. Satz unausgesprochen eingeschlossen sein. Dem 4. Punkt des altgriechischen Eides, keiner Frau ein Abtreibungsmittel zu geben, wird hingegen im Text von 1948 im Satz »Ich werde das menschliche Leben von der Empfängnis an bedingungslos achten« die Ehre gegeben.

In modernen Berufsordnungen wird die bedingungslose Achtung angesichts der heutigen Abtreibungspraxis nicht mehr wörtlich genommen. Es heißt dann etwa: »Der Arzt ist grundsätzlich verpflichtet, das keimende Leben zu erhalten. Schwangerschaftsunterbrechungen unterliegen den gesetzlichen Bestimmungen.« Ein grundsätzlicher Unterschied zwischen den beiden Kodifikationen ist noch zu nennen: Der ältere Eid – gleich welcher Fassung – wurde von den angehenden Medizinern geschworen. Heute ist an die Stelle des Schwurs und der Vereidigung ein Gelöbnis getreten – falls dieses Gelöbnis überhaupt noch abgelegt wird[37].

Medizin ohne Menschlichkeit

Bekanntlich haben im Nationalsozialismus Ärzte die Gebote und Verbote des Eides des Hippokrates in den Wind geschlagen und sich auf Weisung einer verbrecherischen Staatsführung unter dem Deckmantel der Wissenschaft einer »Medizin ohne Menschlichkeit« verschrieben. Gerade in dieser Zeit wurde der Eid des Hippokrates zur Waffe im geistigen Widerstandskampf. Am 18. November 1941 hielt *Franz Büchner*, der Direktor des Pathologischen Instituts der Universität Freiburg im Breisgau, einen öffentlichen Vortrag mit dem Titel »Der Eid des Hippokrates. Die Grundgesetze der ärztlichen Ethik«. Im Schlußteil seines Vortrags setzte sich Büchner mit dem Strafrechtler G. Binding und dem Psychiater A. Hoche auseinander, die kurz nach dem ersten Weltkrieg (1920) in einer Schrift unter dem Titel »Die Freigabe der Vernichtung lebensunwerten Lebens« für die Euthanasie eingetreten waren. In dieser Schrift fordert Binding eine Revision des geltenden Rechts, nach dem die Tötung auf Verlangen strafbar ist, zunächst für »die zufolge Krankheit oder Verwundung unrettbar Verlorenen, die im vollen Verständnis ihrer Lage den dringenden Wunsch nach Erlösung besitzen und ihn in irgendeiner Weise zu erkennen gegeben haben« (S. 29), und er betont: »Ich kann vom rechtlichen, dem sozialen, dem sittlichen, dem religiösen Gesichtspunkt aus schlechterdings keinen Grund finden, die Tötung solcher den Tod dringend verlangender Unrettbarer nicht an die, von denen er verlangt wird, freizugeben: ja ich halte diese Freigabe einfach für eine Pflicht gesetzlichen Mitleids« (S. 30/31). Zugleich fordert Binding das Recht auf Tötung unheilbar Blödsinniger. Neben Binding äußert sich dann als Arzt, insbesondere als Psychiater (»Irrenarzt«), Hoche. Er ist der Meinung: »Von dem Augenblicke an, in dem z. B. die Tötung Unheilbarer oder die Beseitigung geistig Toter nicht nur als nicht strafbar, sondern als ein für die allgemeine Wohlfahrt wünschenswertes Ziel erkannt und allgemein anerkannt wäre, würden in der ärztlichen Sittenlehre jedenfalls keine ausschließenden Gegengründe zu finden sein« (S. 49/50).

Dieser Auffassung setzt Büchner das unmißverständliche Nein des Eides entgegen. Es wird aus dem Vortrag deutlich, daß für den Freiburger Arzt die Auseinandersetzung mit Binding und Hoche nur der Anlaß war, sich mit deutlichem Zeitbezug auf den Eid des Hippokrates zu berufen, um auf den damals aufkommenden Mißbrauch der ärztlichen Kunst aufmerksam zu machen. Seine Ausführungen gipfeln in den mutigen Sätzen:

»Der einzige Herr, dem der Arzt zu dienen hat, ist das Leben. Der Tod ist, ärztlich gesehen, der große Gegenspieler des Lebens wie des Arztes. Würde man aber dem Arzte zumuten, die Tötung unheilbar Erkrankter anzuregen und durchzuführen, so hieße das, ihn zu einem Pakt mit dem Tode zu zwingen. Paktiert er aber mit dem Tode, so hört er auf, Arzt zu sein« (S. 27)[38].

Anmerkungen

Charles Lichtenthaeler: Der Eid des Hippokrates. Ursprung und Bedeutung. Köln 1984.

1 Lichtenthaeler, S. 19: »Meinen künftigen Lehrer in dieser Kunst«.

2 Lichtenthaeler, S. 19: »der mich unterrichten wird«.

3 So Lichtenthaelers Übersetzung (S. 19). K. Deichgräber, 1983, S. 35: »Unter dem hier genannten Abortivum ist ein länglich rundes Stäbchen zu verstehen, das, mit einem abtreibenden Pharmakon bestrichen, zur Einführung dieses Pharmakons dient.«

4 So Lichtenthaeler. L. Edelstein, 1969, S. 7: »In Reinheit und Heiligkeit«. K. Deichgräber, 1983, S. 15: »Heilig und fromm«.

5 L. Edelstein (1969, S. 7) grenzt den gesamten Bereich der Chirurgie aus dem Wirken des hippokratischen Arztes aus: »Ich will das Messer nicht gebrauchen, nicht einmal bei Steinleidenden.« Ch. Triebel-Schubert, 1985, S. 260, Anm. 41 glaubt, daß der Satz »nur mit Mühe als Ablehnung des Blasensteinschnittes übersetzt werden kann statt als generelles Schneideverbot.« Ebenso F. Kudlien, 1978, S. 258, der für die Übersetzung argumentiert: »Ich werde nicht schneiden, jedenfalls Steinleidende nicht.«

6 L. Edelstein, 1969, S. 54.

7 Lichtenthaeler, S. 30f.

8 Lichtenthaeler, S. 294.

9 E. Tabeling, 1972, S. 228.

10 Lichtenthaeler, S. 323.

11 Einen anderen zeitlichen Ansatz schlägt K. Deichgräber, 1983, S. 48 vor: »Innerhalb der Jahrzehnte 500-425 dürfte der hippokratische Eid entstanden sein.

Selbst wenn man berücksichtigt, daß ein Eid notwendig an überkommene Form gebunden ist, weist der archaische Charakter des hippokratischen Eides eher auf frühere als auf spätere Jahrzehnte des genannten Zeitraums. Wir sind daher befugt, seine Entstehung auf 450 und früher anzusetzen« (vgl. Anm. 25). In seiner Eidinterpretation von 1955 (S. 22f.) hatte Deichgräber mit ca. 400 vor Christus einen früheren Ansatz vertreten.

12 Lichtenthaeler, S. 251.

13 Lichtenthaeler, S. 25.

14 Nach Lichtenthaeler, S. 42, kommen als Ort der Eidleistung der Hausaltar des ärztlichen Meisters, der Altar für »alle Götter« auf der Agora, der Altar des Apollon oder »falls unser Eid tatsächlich der koische Asklepiadeneid ist, der Altar des Asklepios im koischen Asklepieion« in Frage. Ohne Zweifel besaß das Eid-Zeremoniell einen weihevoll-feierlichen Charakter.

15 Der ganze Abschnitt über den Eid als Lehr- und Familienvertrag nach Lichtenthaeler, S. 79ff.

16 K. Deichgräber, 1983, S. 27: »Das Stichwort am Anfang *diaitemata* wurde fälschlich als diätetische Anordnungen verstanden ...« Er übersetzt es mit »Verordnungen«.

17 Die Formulierung im 4. Eid-Abschnitt »auch nicht, wenn man mich darum bittet«, ist nicht eindeutig. E. Tabeling, 1972, S. 230: »Das Verlangen nach dem Tode mußte nicht vom Patienten selbst vorgetragen werden. Denkbar wäre auch, daß die Angehörigen im Auftrag des Kranken um die Tötung baten oder ihrerseits – aus lauteren oder auch unlauteren Motiven – mit diesem Ansinnen an den Arzt herantraten. Es ist müßig zu fragen, ob im Eid auch an den Selbstmord Gesunder gedacht ist oder nicht, oder etwa auch an die Vernichtung ›lebensunwerten‹ Lebens. Der Passus des Eides läßt keine andere Deutung zu, als daß der hippokratische Arzt allen diesen denkbaren Fällen nur sein kategorisches Nein entgegenzusetzen hat.«

18 Aristoteles, Politik, 1335 b 20ff.

19 Lichtenthaeler, S. 143ff.

20 Ch. Triebel-Schubert, 1985, S. 258ff.

21 Ch. Triebel-Schubert, 1985, S. 254, Anm. 8.

22 L. Edelstein, 1969, S. 28.

23 Lichtenthaeler, S. 178: »Die Samenleiter konnten schon während des Eingriffs verletzt werden; später traten wohl nicht selten Verengungen der Harnröhre oder Harnfisteln ein.«

24 Lichtenthaeler, S. 180: »Wie im 4. wird also auch im 6. Abschnitt keimendes und ungeborenes Leben vor ›ungerechten‹ Handlungen geschützt, beide Male unter der Obhut des 5. Abschnitts, wo der Schüler verspricht, in Leben und Kunst stets lauter und redlich zu verharren.«

Schon die arabische Fassung des Eides, die sich in einigen Abschnittten wörtlicher als die anderen späteren Fassungen an den griechischen Text hält, interpretierte den 6. Eid-Abschnitt richtig, indem der Übersetzer erkannte, daß nur dieser eine operative Eingriff abgelehnt wurde, nicht aber die gesamte Chirurgie: »Ich werde auch nicht bei jemand, der in seiner Harnblase einen Stein hat, einen Einschnitt machen, sondern dies denen überlassen, die diese Operation beruflich ausführen« (Deutsche Übersetzung der arabischen Fassung nach F. Rosenthal: Das Fortleben der Antike im Islam, 1965, S. 250ff., zitiert bei R. Tölle-Kastenbein, o.J., S. 21.).

25 Dies wird von K. Deichgräber, 1983, S. 48 bestritten: »In dieser Urkunde ist noch nichts zu spüren von Sophistik. Daraus schließen wir als t. a. (terminus ante quem) die Zeit vor 400 bzw. 425« (vgl. Anm. 11).

26 E. Tabeling, 1972, S. 232: »Die Verschwiegenheit als Grundvoraussetzung für das Vertrauensverhältnis zwischen dem Kranken und dem Arzt ist in ihrer ganzen Tragweite erkannt.«

27 H. Siefert (In: Lexikon Medizin Ethik Recht, 1989, S. 115f.) spricht dem Eid jede überzeitliche Geltung ab: »Die konkreten Einzelaussagen des hippokratischen Eides, etwa zur Ausbildung oder zur Ablehnung von Chirurgie, Sterbehilfe und Abtreibung, sind zeitgebunden. Sie spiegeln die historischen und gesellschaftlich-kulturellen Bedingungen und sind keine zeitlos gültigen Aussagen einer angeblich unwandelbaren medizinischen Ethik, wie oft – gerade mit Bezug auf den hippokratischen Eid – behauptet wird.«

Der Eid sei in vielen seiner Bestimmungen nicht repräsentativ für die altgriechische Medizin gewesen, sondern er gebe bloß Verhaltensvorschriften einer Minderheit wieder. Erst im Zeitalter des Christentums, das ähnliche ethische Forderungen formulierte, sei dieses Dokument allmählich allgemeingültig geworden: »Erst durch diese Verknüpfung mit dem Christentum hat der hippokratische Eid eine traditionsbildende Funktion erhalten, die bis in unsere Zeit andauert.«

28 Lichtenthaeler, S. 239. Entsprechend seiner durchgehend ehrfürchtigen, aber nicht unkritischen Haltung dem Eid gegenüber betont der Medizinhistoriker den zeitlosen, zeitunabhängigen Charakter des Eids.

29 Vgl. Michael Fried, Qualitätskontrolle in der Gastroenterologie, NZZ Nr. 168, 1995, S. 15: »In den USA hat zum Beispiel eine Erhebung ergeben, daß 26 Prozent der Magenspiegelungen in amerikanischen Spitälern und Praxen nichtindiziert und damit unnötig sind.«

30 Lichtenthaeler, S. 182.

31 E. Tabeling, 1972, S. 236.

32 Bei diesem Prozeß sagte Karl Brandt, Begleitarzt Hitlers und einer der Hauptverantwortlichen für die Euthanasieaktionen: »Ich bin überzeugt, daß, wenn Hippokrates heute leben würde, er seinem Eid eine andere Fassung gäbe« (A. Mitscherlich/F. Mielke, 1978, S. 206, zitiert bei H. Siefert, l. c., S. 116).

33 I solemnly pledge myself to consecrate my life to the service of humanity.

I will give to my teachers the respect and gratitude which is their due.

I will practice my profession with conscience and dignity.

The health of my patient will be my first consideration.

I will respect the secrets which are confided in me.

I will maintain by all the means in my power the honour and the noble traditions of the medical profession.

My colleagues will be my brothers.

I will not permit considerations of religion, nationality, race,

party politics or social standing to intervene between my duty and my patient.
I will maintain the utmost respect for human life from the time of conception.
Even under threat I will not use my medical knowledge contrary to the laws of humanity.
I make these promises solemnly, freely and upon my honour.

34 Englischer Text und Übersetzung (hier leicht geändert) bei R. Tölle-Kastenbein, o. J., S. 6/7.

35 Lichtenthaeler, S. 27. Während er das »Genfer Gelöbnis« ablehnt, weil es zu schwammig und unverbindlich sei, glaubt H. Siefert (l. c., S. 118), daß dessen Rigidität in der Ablehnung des Schwangerschaftsabbruchs und einige historisierende Anlehnungen an den hippokratischen Eid, formal wie inhaltlich, »es manchem Arzt erschweren, diesen Text voll zu akzeptieren«.

36 R. Tölle-Kastenbein, o. J., S. 39.

37 H. Siefert (l. c.), S. 118f.: »Bis ins 20. Jahrhundert hinein war es an fast allen Universitäten üblich, bei der Verleihung des medizinischen Doktorgrades einen *Promotionseid* zu schwören. Das war vielfach der hippokratische Eid, teilweise waren es neue Formulierungen, die sich mehr oder weniger an den hippokratischen Eid anlehnten. Nach einer weltweiten Umfrage (Roth 1962) war in dieser Zeit der hippokratische Eid im historischen Wortlaut nur noch bei knapp 5% der medizinischen Ausbildungsstätten in Gebrauch (sie lagen alle in den USA), etwa 10% verwendeten die »Deklaration von Genf«, ungefähr die Hälfte benutzte eigene Eidesformeln, bei einem Drittel war es nicht üblich, einen Eid oder ein Gelöbnis abzulegen. Vermutlich hat sich der Trend weiter ausgebreitet, moderne Eidesformeln zu bevorzugen oder aber auf ein Gelöbnis ganz zu verzichten.«

38 Im Sinne des Selbstbestimmungsrechts des Menschen auch im Tod fordert H. Küng die Gewährung *aktiver Sterbehilfe* (Freigabe der Euthanasie auf Verlangen) unter Festlegung klarer gesetzlicher Richtlinien: »Der allbarmherzige *Gott,* der dem

Menschen Freiheit geschenkt und Verantwortung für sein Leben zugemutet hat, *hat gerade auch dem sterbenden Menschen die Verantwortung und Gewissensentscheidung für Art und Zeitpunkt seines Todes überlassen*« (W. Jens – H. Küng, 1995, S. 71 f.).

Bei der Freigabe der Euthanasie wäre aber das Unverbrüchlichkeitsprinzip des Lebensschutzes auch bei rechtlich klar definierten Einschränkungen durchbrochen und damit geschwächt. Daß die grundsätzliche Strafbarkeit der Tötung auf Verlangen beibehalten werden soll, betonen die neuen *Richtlinien zur Sterbehilfe* der Schweizerischen Akademie der Medizinischen Wissenschaften (1995): »Auch gegenüber Sterbenden und zerebral schwerst Geschädigten sind aktive Maßnahmen zum Zwecke der Lebensbeendigung gesetzlich verboten.« Der Kommentar zu diesem Abschnitt lautet: »Maßnahmen mit dem Ziel der Lebensbeendigung bei Sterbenden und schwer Leidenden (»aktive Sterbehilfe«) sind nach Art. 114 des Strafgesetzbuches strafbar selbst dann, wenn sie auf ernsthaftes und eindringliches Verlangen eines urteilsfähigen Patienten vorgenommen werden.«

Verlangt ein urteilsfähiger Patient nach *»passiver Sterbehilfe«*, also den Verzicht auf Behandlung oder auf lebenserhaltende Maßnahmen wie künstliche Wasser- und Nahrungszufuhr, Sauerstoffzufuhr, künstliche Beatmung, usw. oder deren Abbruch, so sei dieser Wille vom Arzt zu respektieren. Beihilfe zum Suizid sei hingegen kein Teil der ärztlichen Tätigkeit, obwohl gemäß Artikel 115 des Strafgesetzbuches die Suizidhilfe nicht strafbar ist, wenn sie ohne selbstsüchtige Beweggründe geleistet wird. Statt dessen soll der Arzt sich bemühen, die körperlichen und seelischen Leiden, die einen Patienten zu Suizidabsichten führen könnten, zu lindern und zu ihrer Heilung beizutragen.

Liegt dem Arzt eine *Patientenverfügung* vor, so ist diese insoweit verbindlich, als sie vom Arzt nicht ein rechtswidriges Verhalten verlangt.

Literaturhinweise

Ausgaben (Übersetzungen)

Littré, E.: Œuvres complètes d'Hippocrate. Traduction nouvelle avec le texte grec. Paris 1839-1861. 10 Bände. Nachdruck Amsterdam 1961-1962.

Jones, W.H.S. – Withington, E. T.: Hippocrates, with an english translation. London-Cambridge (Mass.) 1923-1931. Reprinted 1992. 4 Bände.

Fuchs, R.: Hippokrates. Sämmtliche Werke. Ins Deutsche übersetzt und ausführlich commentiert. München 1895-1900. 3 Bände.

Kapferer, R.: Die Werke des Hippokrates. Die hippokratische Schriftensammlung in neuer deutscher Übersetzung. Stuttgart und Leipzig 1934-1939. 5 Bände (mit Ergänzungsteil).

Capelle, W.: Hippokrates. Fünf auserlesene Schriften. Zürich 1955.

Diller, H.: Hippokrates. Schriften. Die Anfänge der abendländischen Medizin. Reinbek bei Hamburg 1962.

Allgemeines (Gesamtdarstellungen)

Antike Medizin: Hg. von Flashar, H. (Wege der Forschung 221). Darmstadt 1971.

Diepgen, P.: Geschichte der Medizin. Band 1. Berlin 1949.

Koelbing, H. M.: Arzt und Patient in der antiken Welt. Zürich-München 1977.

Krug, A.: Heilkunst und Heilkult. Medizin in der Antike. München 1984.

Kudlien, F.: Der Beginn des medizinischen Denkens bei den Griechen. Von Homer bis Hippokrates. Zürich 1967.

Lichtenthaeler, Ch.: Geschichte der Medizin. Band 1. Köln 1974.

Meyer-Steineg, Th. – Sudhoff, K.: Illustrierte Geschichte der Medizin. Stuttgart [5]1965.

Schumacher, J.: Die Anfänge abendländischer Medizin in der griechischen Antike. Stuttgart 1965.

Sigerist, H. E.: Anfänge der Medizin – Von der primitiven und archaischen Medizin bis zum Goldenen Zeitalter in Griechenland. Zürich 1963.

Ders.: Große Ärzte – Eine Geschichte der Heilkunde in Lebensbildern. München [6]1970.

Zum Eid des Hippokrates

Als umfassendste Studie mit reicher Bibliographie (S. 351 ff.) sei zuerst genannt:

Lichtenthaeler, Ch.: Der Eid des Hippokrates. Ursprung und Bedeutung. XII. Hippokratische Studie. Köln 1984.

Der griechische Text mit Übersetzung auch leicht zugänglich bei:

Müri, W.: Der Arzt im Altertum. Griechische und lateinische Quellenstücke von Hippokrates bis Galen mit der Übertragung ins Deutsche. Mit einer Einführung von H. Grensemann. München und Zürich [5]1986. S. 8-10.

Bachmann, M.: Die Nachwirkungen des hippokratischen Eides. Ein Beitrag zur Geschichte der ärztlichen Ethik. Diss. med. Mainz 1952.

Büchner, F.: Der Eid des Hippokrates. Die Grundgesetze der ärztlichen Ethik. Freiburg im Breisgau 1945.

Burkert, W.: Weisheit und Wissenschaft. Studien zu Pythagoras, Philolaos und Platon. In: Erlanger Beiträge zur Sprach- und Kunstwissenschaft. Band X. Nürnberg 1962.

Ders.: Griechische Religion der archaischen und klassischen Epoche. Stuttgart 1977.

Deichgräber, K.: Der hippokratische Eid. Text griechisch und deutsch – Interpretation – Nachleben. Stuttgart [4]1983.

(1. Auflage 1955, 2. und 3. unveränderte Auflage 1969 und 1972; die 4. Auflage, 1983, ist grundsätzlich revidiert.)

Edelstein, L.: Der Hippokratische Eid. Deutsche Übersetzung von Klaus Bartels, mit einem forschungsgeschichtlichen Nachwort von Hans Diller. Zürich und Stuttgart 1969.

(Edelsteins Abhandlung erschien zuerst unter dem Titel The Hippocratic Oath. Text, Translation and Interpretation, in: Supplements to the Bulletin of the History of Medicine, No. 1. Baltimore 1943.)

Ernst-Allemann, C. et alii: Medizinisch-ethische Richtlinien für die ärztliche Betreuung sterbender und zerebral schwerst geschädigter Patienten. In: Schweizerische Ärztezeitung 29/30 (1995). S. 1223 ff.

Harig, G./Kollesch J.: Der Hippokratische Eid. Zur Entstehung der antiken medizinischen Deontologie. In: Philologus 122 (1978). S. 157-176 (mit einer ausführlichen und systematischen Forschungs- und Literaturübersicht).

Jens, W./Küng, H.: Menschenwürdig sterben. Ein Plädoyer für Selbstverantwortung. München Zürich 1995.

Koelbing, H. M.: Der Hippokratische Eid – damals und heute. In: Schweizerische Ärztezeitung 55 (1974). S. 591-597.

Kudlien, F.: Zwei Interpretationen zum Hippokratischen Eid. In: Gesnerus 35 (1978). S. 253-263. Vgl. Koelbing, H. M.: Zu Fridolf Kudliens »Zwei Interpretationen zum Hippokratischen Eid«. In: Gesnerus 36 (1979). S. 156-158.

Ders.: Artikel »Hippokrates« und »Hippokratische Schriften«, in: Lexikon der Alten Welt. Zürich und München 1990. 3 Bände (unveränderter Nachdruck der einbändigen Originalausgabe von 1965).

Mikat, P.: Ethische Überlegungen zum hippokratischen Ethos. In: Markierungen der Humanität. Sozialethische Herausforderungen auf dem Weg in ein neues Jahrtausend. Paderborn 1992. S. 215 ff.

Mitscherlich A./Mielke F.: Medizin ohne Menschlichkeit. Dokumente des Nürnberger Ärzteprozesses. Neuausgabe. Frankfurt a. M. 1978.

Roth, G.: Die ärztlichen Gelöbnisse heute. Eine weltweite Umfrage. In: Arzt und Christ 8 (1962). S. 11–34.

Siefert, H.: Artikel »Ärztliche Gelöbnisse«, in: Lexikon Medizin Ethik Recht. Freiburg im Breisgau 1989. S. 113 ff.

Tabeling, E.: Der hippokratische Eid. Ein Beitrag zum Verständnis altsprachlicher Bildung heute. In: Griechisch in der Schule. Frankfurt a. M. 1972. S. 227 ff.

Tölle-Kastenbein, R.: Das Genfer Arztgelöbnis und der Hippokratische Eid. Bochum o. J.

Triebel-Schubert, Ch.: Bemerkungen zum Hippokratischen Eid. In: Medizinhistorisches Journal 20 (1985). S. 253 ff.

Weber, F. J.: Der hippokratische Eid. In: Der Altsprachliche Unterricht 3 (1993). S. 37 ff.

Wolff, U.: Abschied von Hippokrates. Ärztliche Ethik zwischen Hippokratischem Eid und Genfer Gelöbnis. Berlin 1981.

Hippokrates
Von der heiligen Krankheit

Trauernde Frau. Grabstein, um 400 v. Chr.
Metropolitan Museum of Art, New York

Autor und Datierung

»Ein Arzt wiegt viele andere Menschen auf«
(Homer Ilias 11, 514)

Es gibt trotz Ch. Lichtenthaelers in seiner Eidstudie (1984) vorgebrachten Argumenten keinen eindeutigen Beweis dafür, welche Schriften des *Corpus Hippocraticum* Hippokrates selbst geschrieben hat. Die größte Wahrscheinlichkeit der Authentizität dürften die *Epidemienbücher I und III,* das *Prognostikon,* sowie die chirurgischen Schriften *De fracturis* und *De articulis* haben. Sicher ist, daß eine besondere Nähe unserer Schrift *Von der heiligen Krankheit* – lateinisch *De Morbo Sacro* – zur Abhandlung *Über Wind, Wasser und Gegenden,* die man häufig als die Schrift *Von der Umwelt* bezeichnet, besteht. Übereinstimmungen ergeben sich im Gebrauch einzelner Wörter und Sätze, in der strukturellen Anlage längerer Partien, in theoretischen Voraussetzungen sowie in der religiösen Einstellung. Die Schrift *Von der Umwelt* untersucht in ihrem ersten Teil die Frage nach den Einflüssen der natürlichen Gegebenheiten in Wind, Wetter, Sonnenbestrahlung, Beschaffenheit des Bodens und des Wassers auf den gesunden und den kranken Menschen, während der zweite, ethnographische Teil Asien und Europa in Bodenbeschaffenheit, Klima und Bevölkerung einander gegenüberstellt. U. v. Wilamowitz (1901) sprach sich als erster für die gleiche Verfasserschaft aus, es folgten ihm neben anderen K. Deichgräber (1933) und M. Pohlenz (1938). Andere dagegen, wie F. Heinimann (1945), bestritten diese These auf Grund von Unterschieden in

Einzelheiten und im Vortrag. Heinimann wagt eine Datierung: Die Schrift *Von der Umwelt* setzt er kurz vor 430, jene *Von der heiligen Krankheit* ein bis zwei Jahrzehnte später an. Für A. Lesky (^{3}1971, S. 551) hingegen bleibt die Frage offen, »ob die nachgewiesenen Differenzen die personale Trennung erzwingen, und auch die Frage der relativen Chronologie kann noch nicht als abgeschlossen gelten«. Dieser Zurückhaltung pflichtet H. Grensemann (1968, S. 18) in seiner umfassenden Interpretation des Epilepsie-Traktats zwar zu; es scheine ihm aber doch so, »daß die besseren Argumente auf der Seite derjenigen sind, die beide Schriften ein und demselben Arzt zuweisen möchten«. Etwa Hippokrates persönlich? Das mag richtig sein, ist aber nicht streng zu beweisen. Originell ist der Vorschlag von W.H.S. Jones im Vorwort zu seiner Ausgabe (II, S. 132). Er neigt dazu, im Autor der Schrift *Von der heiligen Krankheit* einen Schüler des Hippokrates zu sehen, der die Aufgabe hatte, einen Aufsatz über das Thema »Aberglauben und Medizin« zu schreiben. Die beiden Schriften stammten eher nicht vom selben Autor; dabei sei *Von der Umwelt* »more dignified, more reserved, and more compact in style«.

Einzigartige Bedeutung

Über Autorschaft und Entstehungszeit läßt sich also kaum Gewißheit gewinnen. Sicher aber ist sich die philologische wie die medizinhistorische Forschung, daß die Schrift *Von der heiligen Krankheit,* der Epilepsie, unter sämtlichen Schriften des *Corpus Hippocraticum* von einzigartiger Bedeutung ist und jenseits aller medizinischen Kunst und über alle Fachwissenschaften hinaus einen Meilenstein in der Geschichte der europäischen Wissenschaft darstellt. Zwar liegt die in *De Morbo Sacro* vorgetragene Erklärung der Epilepsie durch Phlegmafluß aus dem Gehirn und Verstopfung der Adern, durch die Luft und Blut strömen, weitab von den Erkenntnissen moderner Medizin, ja sie erscheint bizarr (immerhin ist auch vom Standpunkt der heutigen Medizin aus die Lehre, daß die Epilepsie ihren Urgrund im Gehirn hat, richtig). Aber der Versuch, den »Zauberern, Entsühnern, Bettelpriestern und Quacksalbern« (1,10) durch Aufweis der natürlichen Ursachen der Krankheit und der allgemeinen Geltung der Naturgesetze das therapeutische Monopol zu entreißen und mit Hilfe echter, vorurteilsfreier Wissenschaft die durch die konsternierenden Eindrücke epileptischer Anfälle von Ratlosigkeit bedrückten und deshalb in die Fänge des Aberglaubens (griechisch »Deisidaimonia«: Götterfurcht) getriebenen Menschen vom Gefühl der Hilflosigkeit zu befreien, ist und bleibt ein erstrangiges Zeugnis des immerwährenden Kampfes wissenschaftlich denkender Köpfe gegen den Obskurantismus, Irrationalismus, Dogmatismus und die dreiste Ignoranz der Ausbeuter menschlicher Not. Der Autor von *De Morbo Sacro* gehört in die Reihe der großen Aufklärer. In seinem Willen, der Wahrheit gegen den Schein zum Durchbruch zu verhelfen (vgl. 17,1) und im Stilmittel seiner oft ironisch gefärbten Beweisführung (vor allem im 1. Kapitel), gleicht er dem herausragenden Vorsokratiker *Xenophanes von Kolophon* (ca. 580-475 v. Chr.).

Die Gottesvorstellung

Wie Xenophanes mit seinen ätzenden Gedankenexperimenten die anthropomorphen Gottesvorstellungen ad absurdum führt, um einem geläuterten Gottesbegriff den Weg zu bahnen, so ist das aufgeklärte Denken in der Schrift von der Fallsucht keineswegs unreligiös. Ihr Verfasser entdämonisiert zwar die Epilepsie und stellt sie auf eine Ebene mit den anderen Krankheiten. Sie ist um nichts göttlicher oder heiliger als die anderen Gebrechen, da sie ebenso wie diese einen natürlichen Grund hat und heilbar ist (2,2), aber sie ist auch wie jene göttlich, da sie den Gesetzen und Wirkkräften der Natur unterworfen ist, die göttlichen Ursprungs ist. Nicht ein Gott ist es, der den Körper des Menschen befleckt, sondern die Krankheit, ist es doch unmöglich, daß »das Vergänglichste vom Reinsten« entweiht wird (1,44). Die Gottheit als das Reinste ist gar nicht in der Lage, zu beflecken, sondern nur zu reinigen. Wäre es möglich, die göttliche Macht durch Sühne- und Zauberpraktiken menschlichem Wahnwitz und Übermut dienstbar zu machen, so erlitte das fromme Welt- und Gottesbild des Verfassers unserer Schrift einen Zusammenbruch von kosmischem Ausmaß (1,31). Neben dem Bemühen um eine den Gesetzen der Logik standhaltende Wissenschaft jenseits von Zufall (Tyche) und ungeprüften Denkmustern (Nomos) (17,1) ist die reine Vorstellung vom Göttlichen und Heiligen dasjenige, was den Leser dieser Abhandlung am meisten beeindruckt. Die Schrift von der Epilepsie ist sowohl aufklärerisches Traktat als auch Theodizee.

Der Begriff »Epilepsie«

In unserer Schrift wird an keiner Stelle die Fallsucht »Epilepsie« genannt. Der Verfasser behilft sich mit Umschreibungen wie »diese Krankheit« oder »dieses Leiden«. Eine *epilepsis* (10,7 ein einziges Mal in *De Morbo Sacro* belegt) bedeutet den einzelnen, von Zeit zu Zeit auftretenden Anfall. Das dazugehörige *epileptos* (sechsmal belegt) ist ebenfalls noch nicht auf die Bedeutung »epileptisch« verengt. »Das bedeutet, daß der Verf. keinen wissenschaftlichen Namen für die Krankheit hat ... Will man jedoch begriffsgeschichtlich den Weg aufzeigen, der von der allgemeinen Bedeutung zur speziellen geführt hat, so wird man allerdings an den Anfang dieses Weges unsere Schrift stellen, in welcher das Wort innerhalb der medizinischen Literatur des 5. Jhs. zum ersten Male in Verbindung mit den Erscheinungen dieser Krankheit verwendet wird« (H. Grensemann, 1968, S. 5f.).

Der epileptische Anfall

Von erstaunlicher, alles umfassender Beobachtung und Naturwahrheit ist die Schilderung epileptischer Anfälle in den Kap. 1,33 ff., 6,1 ff., 14 und 15 sowie besonders im 7., dem zentralen Kapitel der Schrift. Die 1,33 ff. erwähnten Symptome werden hier (und in Kap. 14 f.) naturwissenschaftlich gedeutet. Zuerst erfolgt in 7,1 die Aufzählung der einzelnen Symptome: Verlust der Sprache, Erstickungsanfälle, Schaumfluß aus dem Mund, Zusammenpressen der Zähne, Krampf in den Händen, Verdrehen der Augen, Verlust des Bewußtseins und (gelegentlicher) Kotabgang – nicht aufgenommen unter die typischen Symptome der Krankheit ist die Angst und Flucht der Kranken (1,38), die Kap. 12 psychologisch mit der Wirkung des Schamgefühls erklärt wird, als Gegenposition zu den Magiern, die das Eingreifen Hekates und von Geistern der Verstorbenen als Ursache anführen. An die Symptomliste schließen sich die Einzelerklärungen an (3-12), die Aitiologie, 7, 13-15 bringen Angaben zum Ausgang des Anfalls, sind also als prognostischer Teil zu bewerten. Das Schema der Krankheitsdarstellung mit *Symptomen, Aitiologie, Prognose* (und *Therapie* in Kap. 18) ist nach Modellen konstruiert, deren Parallelen wir in knidischen Krankheitsdarstellungen finden.

Gehirn und Luft

Der Verfasser ordnet die Epilepsie denjenigen Krankheiten zu, die durch Phlegmafluß entstehen. Ein Anfall tritt dann auf, wenn die Adern verstopft werden, aber nur die Adern von Menschen, die durch ihre Phlegmakonstitution für diese Krankheit disponiert sind (wäre sie göttlicherer Natur als die andern, so würde sie nicht nur eine bestimmte Konstitution treffen, vgl. 2,7). Die äußeren Anlässe des Phlegmaflusses sind die Einwirkungen von Wärme und Kälte sowie von Wetterumschlägen, vor allem von Nord- und Südwind, auf das Gehirn, das die vor oder nach der Geburt normalerweise stattfindende Reinigung von Feuchtigkeitsstoffen nicht im rechten Maß erfahren hat. Das Gehirn ist das geistige Führungsorgan, nicht etwa das Herz oder das Zwerchfell. Diese haben zwar Reaktionen (Reflexe), aber keine geistigen Qualitäten. Mit der Lehre vom *Gehirn* als zentraler Leitstelle allen Denkens und Fühlens ist die Schrift *Alkmaion von Kroton* in Unteritalien (geb. um 540 v. Chr.) verpflichtet, der das erste medizinische Buch (in Prosa) geschrieben haben soll. Ergänzt wird die Theorie vom Gehirn als dem Zentrum des geistigen Lebens durch die Pneumatheorie (um 430) des *Diogenes von Apollonia* (vgl. Kap. 16). Die *Luft* ist die Trägerin der Denkkraft, der *phronesis,* und verleiht den Gliedern »Bewußtsein« und »Bewegung« (7,6). Sinnesorgane, Sprechen und Bewegung gehorchen den Befehlen des Gehirns, die über die Luft die einzelnen Körperteile erreichen.

Heilbarkeit

Die Schrift *Von der heiligen Krankheit* endet in Kap. 18, nicht ohne leisen Stolz, mit dem Bekenntnis zur grundsätzlichen Therapierbarkeit jeder Krankheit: »Jede (Krankheit) hat ihre eigentümliche Natur und Wirkkraft, und keine ist (einer Behandlung) unzugänglich, und bei keiner sind wir hilflos« (18,2). Die Therapie ist dabei allopathisch ausgerichtet. Der Arzt wird jeweils das verordnen, was der Krankheit am »feindlichsten« ist (18,5), wobei »feindlich« gleichbedeutend ist mit »entgegengesetzt«. Er wird versuchen, die Feuchtigkeit des Gehirns zu trocknen »bis zu dem Punkte, in dem es sich mit dem Trockenen im Gleichgewicht befindet« (H. Grensemann, 1968, S. 102). Diese Vorstellung, wonach das rechte Maß, die Gleichberechtigung (Isonomie) der Kräfte (dynameis), Gesundheit garantiere, das Verfehlen des Maßes, die Alleinherrschaft (monarchia) der Kräfte aber Krankheit zur Folge habe, ist wiederum, wie die Lehre vom Primat des Gehirns, eine Kernlehre Alkmaions von Kroton. Dem Therapeuten, dem es gelingt, durch »Diät« das innere Gleichgewicht der gestörten Grundqualitäten (trocken, feucht/warm, kalt) unter Beachtung »des Kairos des Nützlichen« wiederherzustellen, »der dürfte wohl auch diese Krankheit heilen ... ohne Entsühnungen und Zauberei und all den andern Humbug (banausie) dieser Art« (18,6).

Von der heiligen Krankheit

I

Polemik gegen die Auffassung vom göttlichen Charakter der Epilepsie und die Widersprüche in Theorie und Praxis der betrügerischen »Heiler«.

1. Mit der sogenannten heiligen Krankheit verhält es sich folgendermaßen:

2. Sie scheint mir keineswegs göttlicher zu sein als die anderen Krankheiten oder heiliger, sondern so wie die übrigen Krankheiten ihren natürlichen Ursprung haben, hat auch diese ihre natürliche Ursache.

3. Die Menschen sind zur Ansicht gekommen, sie sei irgendwie göttlicher Einwirkung zuzuschreiben, weil sie sie nicht anders erklären konnten und sich darüber wunderten, daß sie in keiner Weise anderen [Krankheiten] gleiche.

4. Und weil sie keinen Weg finden, sie zu erfassen, bleibt ihr göttlicher Charakter zwar gewahrt, weil sie aber über leicht zu handhabende Heilmethoden verfügen, geht er verloren, denn sie suchen mit Sühnungen zu heilen und Besprechungen.

5. Hält man sie aber infolge ihrer staunenswerten Art für göttlich, so wird es, wenn es danach ginge, viele heilige Krankheiten geben; denn ich werde zeigen, daß es noch andere [Krankheiten] gibt, die nicht weniger staunenswert und wunderbar sind, die niemand für heilig hält.

6. Einerseits scheinen mir die Quotidian-, Tertian- und Quartanfieber[1] um nichts weniger heilig zu sein und von einem Gott zu stammen als diese Krankheit – doch über jene wundern sie sich nicht.

7. Andererseits sehe ich, wie Menschen ohne jeden offenkundigen Grund rasen und delirieren und viel Verrücktes tun,

8. und ich weiß, daß viele im Schlaf jammern und schreien, daß andere unter Erstickungsanfällen leiden, wieder andere [vom Bett] aufspringen, nach draußen fliehen und delirieren, bis sie aufwachen; danach aber sind sie gesund und vernünftig wie vorher, allerdings noch bleich und schwach. Und das geschieht nicht nur einmal, sondern oft.

9. Es gibt noch viele andere Krankheitsbilder verschiedenster Art, über die im einzelnen zu sprechen den Rahmen sprengen würde.

10. Mir scheint, die ersten, welche diese Krankheit für heilig erklärt haben, waren Leute vom Schlage, wie es sie heute noch gibt: Zauberer, Entsühner, Bettelpriester und Quacksalber, die sich alle den Anschein geben, besonders gottesfürchtig zu sein und mehr als andere zu wissen.

11. Diese also benutzten das göttliche Wirken zur Bemäntelung und Vertuschung ihrer Hilflosigkeit; denn sie hatten nichts, was sie nutzbringend einsetzen konnten, und um sich nicht als völlige Stümper zu verraten, verfielen sie darauf, dieses Leiden sei heilig,

12. und indem sie zweckdienliche Begründungen hinzufügten, sicherten sie sich für alle Risiken ihrer Behandlung ab: sie setzten Sühnungen und Besprechungen

ein und verboten ihnen Bäder und viele Speisen, deren Genuß kranken Menschen abträglich ist,

13. so unter den Meerfischen die Barben, Schwarzschwänze, Pfriemenfische und Aale (denn diese Fische sind besonders schädlich),

14. ferner Fleisch von Ziege, Hirsch, Schwein und Hund (denn diese Fleischarten bringen die Verdauungsorgane am meisten in Unordnung),

15. von Vögeln Huhn, Turteltaube und Trappe (was als besonders schwer verdaulich gilt),

16. an Gemüse Minze, Knoblauch und Zwiebel (denn Scharfes ist für einen Kranken gar nicht bekömmlich).

17. Ferner verboten sie, schwarze Kleidung zu tragen (denn schwarz ist ein Signal des Todes),

18. auf einem Ziegenfell zu schlafen oder eines zu tragen,

19. oder Fuß auf Fuß oder Hand auf Hand zu legen (denn all das seien Hemmnisse[2] [für das Wohlbefinden]).

20. Dies alles verordnen sie wegen des göttlichen Charakters [der Krankheit], als ob sie über ein größeres Wissen verfügten, und sie führen noch weitere Ursachen an, damit, wenn [der Kranke] vielleicht genest, ihnen der Ruhm der Könnerschaft zufalle, sollte er aber sterben, ihre Rechtfertigung risikolos sei und sie als Grund anführen könnten, nicht sie seien schuld, sondern die Götter.

21. Denn sie haben ja weder in fester noch in flüssiger Form Heilmittel verabreicht, noch [die Kranken] in Bädern »gekocht«[3], so daß man sie für schuldig halten könnte.

22. Dagegen meine ich, daß von den Afrikanern, die

das Landesinnere bewohnen, kein einziger gesund sein dürfte, wenn es an den Ziegenfellen und dem Ziegenfleisch läge, denn [die Menschen] dort haben keine Decke, kein Kleid und keine Schuhe, die nicht aus Ziegenfell[4] gefertigt wären, haben sie doch kein anderes Vieh als Ziegen.

23. Wenn aber der Genuß der erwähnten Speisen und die Anwendung dieser Dinge die Krankheit hervorruft und verstärkt, der Verzicht auf ihren Genuß hingegen sie heilt, dann ist nicht mehr der Gott daran schuld, und es helfen nicht die Entsühnungen, sondern die Speisen sind dasjenige, was heilt und schadet, und die Einwirkung der Gottheit tritt außer Kraft.

24. So habe ich jedenfalls also den Eindruck, daß diejenigen, die auf solche Weise diese Krankheiten zu heilen versuchen, sie weder für heilig noch für göttlich halten.

25. Denn wo sie durch derartige Entsühnungen und durch eine solche Behandlung beseitigt werden, was hindert da, daß sie dann auch durch andere Praktiken, die den genannten gleichen, die Menschen heimsuchen und befallen, so daß also nicht mehr das Göttliche schuld wäre, sondern etwas Menschliches?

26. Denn wer imstande ist, durch vollständige Entsühnung und durch Zauberei ein solches Leiden abzuführen, der könnte es durch andere Praktiken auch herbeiführen, und zieht man dies in Betracht, so hebt sich sein göttlicher Charakter auf.

27. Mit solchen Theorien und Kunstgriffen geben sie sich den Anschein, mehr als andere zu wissen, und sie betrügen die Menschen, indem sie ihnen Reinigungs- und Entsühnungsriten auferlegen, und der überwie-

gende Teil ihrer Darlegung läuft auf die göttliche und dämonische Einwirkung hinaus.

28. Mir allerdings scheint es, daß es in ihren Reden gar nicht um Gottesfurcht geht, wie sie meinen, sondern vielmehr um Ehrfurchtslosigkeit, und darum, daß die Götter nicht existieren, und ihre Gottesfurcht und Berufung auf Gott ist [in Wahrheit] ehrfurchtslos und unheilig, wie ich zeigen werde.

29. Wenn sie nämlich vorgeben, sie könnten den Mond herunterholen, die Sonne verfinstern, Sturm und heiteres Wetter schaffen und Regen und Dürre, ferner, daß sie das Meer unbefahrbar und das Land unfruchtbar machen könnten und was es sonst noch alles derartiges gibt – ob sie nun dank Einweihungsriten, einer anderen Erkenntnisquelle oder Praktik dazu imstande zu sein behaupten –

30. so scheinen mir jedenfalls die, die das betreiben, gottlos zu handeln und weder an die Existenz noch an die Macht der Götter zu glauben und nicht vor dem Äußersten zurückzuschrecken, da sie ja von ihnen nichts zu befürchten haben.

31. Denn wenn ein Mensch durch Zauberei und Opfern den Mond [vom Himmel] herabziehen, die Sonne verfinstern und Sturm und heiteres Wetter schaffen wird, so könnte ich wenigstens nichts mehr davon für göttlich halten, sondern [alles] für [reines] Menschenwerk, wenn denn die Macht des Göttlichen durch menschliche Geisteskraft überwältigt wird und ihr hörig ist.

32. Vielleicht aber ist es gar nicht so, sondern Menschen versuchen sich in vielen bunten Künsten, weil sie doch von etwas leben müssen, und weben Hirngespin-

ste, wie in allen anderen Bereichen so auch bei dieser Krankheit, indem sie für jede einzelne Ausprägung des Leidens einem Gott die Schuld daran anlasten. (Denn nicht nur einen, sondern mehrere machen sie dafür verantwortlich.)

33. Wenn nämlich der Kranke eine Ziege nachahmt, wenn er mit den Zähnen knirscht und auf der rechten Seite Krämpfe hat, so sagen sie, die Göttermutter sei schuld.

34. Tönt aber die Stimme schriller und heftiger, vergleichen sie sie mit [dem Wiehern] eines Pferdes und sagen, Poseidon sei schuld.

35. Wenn er aber auch etwas Kot fahren läßt, was oft vorkommt bei Menschen, die von dieser Krankheit überwältigt werden, dann tritt der Name der Göttin Enodia[5] ins Spiel.

36. Ist der Kot aber häufiger und dünner, wie bei Vögeln, so ist Apollon Nomios schuld,

37. wenn [der Kranke] aber Schaum aus dem Mund absondert und mit den Füßen ausschlägt, dann Ares.[6]

38. Wenn aber nachts Angstzustände jemanden überfallen und Schreckvisionen, Wahnvorstellungen und der Zwang, vom Bett aufzuspringen und nach draußen zu fliehen, so sagen sie, dies seien Anschläge der Hekate und Attacken von Geistern Verstorbener.

39. Und sie wenden Sühnungen und Besprechungen an, was meiner persönlichen Meinung nach ein außerordentlich unheiliges und gottloses Vorgehen ist.

40. Denn sie reinigen die von der Krankheit Befallenen mit Blut und anderen derartigen Mitteln, als ob

diese mit einer Blutschuld befleckt, von Rachegeistern besessen oder von Menschen behext wären.

41. Dabei sollten sie das Gegenteil davon tun: opfern, beten, [die Kranken] in die Tempel bringen und zu den Göttern flehen.

42. Jetzt aber tun sie nichts dergleichen, sondern entsühnen, und einen Teil dessen, was die Läuterung entfernt, verbergen sie in der Erde, anderes werfen sie ins Meer, wieder anderes führen sie in die Berge ab, wo niemand es berühren oder darauf treten kann.

43. Man müßte es aber in die Tempel bringen und dem Gott abliefern, wenn denn wirklich der Gott daran schuld ist.

44. Ich glaube freilich nicht, daß der Leib eines Menschen von einem Gott befleckt wird, das Vergänglichste vom Reinsten, sondern er müßte doch auch dann, wenn er von etwas anderem befleckt ist oder sonst eine Einwirkung erfahren hat, von der Gottheit eher gereinigt und entsühnt, als von ihr befleckt werden.

45. Denn das Göttliche ist es, welches [uns] von den schlimmsten und gewissenlosesten Verfehlungen reinigt und entsühnt und uns ein Mittel zum Wegwaschen wird,

46. und wir selbst setzen ja Grenzen um die Tempel und heiligen Bezirke der Götter fest, damit keiner, der nicht rein ist, sie überschreitet, und wenn wir sie betreten, besprengen wir uns ringsum, nicht als ob wir befleckt würden, sondern um uns, wenn wir von früher irgendeine Befleckung haben, davon zu reinigen. So verhält es sich meiner Meinung nach mit den Entsühnungen.

2

Die Epilepsie ist erblich und an eine bestimmte Konstitution gebunden.

1. Diese Krankheit aber scheint mir nicht im geringsten göttlicher zu sein als die übrigen, sondern mir scheint, daß, so wie die übrigen Krankheiten ihren natürlichen Ursprung haben, aus der jede einzelne entsteht,

2. auch diese ihre natürliche Ursache hat, und daß sie aus demselben Grund göttlich ist wie alle anderen auch

3. und nicht weniger heilbar als andere, sofern sie nicht schon durch ihren chronischen Charakter so beherrschend ist, daß sie stärker ist als die verabreichten Mittel.

4. Ihren Ursprung hat sie wie die anderen Krankheiten in der Vererbung. Denn wenn von einem Menschen mit schleimiger Konstitution ein schleimiger Mensch und von einem mit galliger Konstitution ein galliger abstammt und von einem Schwindsüchtigen ein Schwindsüchtiger und von einem Milzkranken ein Milzkranker,

5. was hindert da, daß einer der Nachkommen, dessen Vater oder Mutter von dieser Krankheit befallen war, ebenfalls davon befallen wird? Denn der Same kommt von allen Teilen des Körpers, und zwar von den gesunden Teilen gesunder und von den kranken kranker.

6. Ein weiterer gewichtiger Beweis dafür, daß sie in keiner Weise göttlicher ist als die übrigen Krankheiten: die anlagemäßig Schleimigen bekommen sie, die von galliger Konstitution hingegen befällt sie nicht.

7. Wäre sie nun aber göttlicher als die anderen, dann

müßte diese Krankheit alle in gleicher Weise treffen und keinen Unterschied zwischen galliger und schleimiger Konstitution machen.

3

Die entscheidende Bedeutung des Gehirns bei der Krankheitsentstehung. Das System der Adern und seine Beziehung zum Gehirn.

1. In Wirklichkeit aber ist das Gehirn schuld an diesem Leiden, wie auch an den anderen wichtigsten Krankheiten. Auf welche Weise und aus welchem Grund es auftritt, das will ich klar darlegen.

2. Das Gehirn des Menschen ist zweigeteilt, wie auch bei allen anderen Lebewesen; eine dünne Membran trennt es in der Mitte. Darum hat man nicht immer im gleichen Bereich des Kopfes Schmerzen, sondern manchmal nur auf einer Seite, manchmal aber auch am ganzen Kopf.

3. Aus dem ganzen Körper führen viele dünne Adern ins Gehirn, dazu zwei dicke, die eine von der Leber, die andere von der Milz aus.

4. Die von der Leber ausgehende verläuft so: Ein Teil der Ader führt nach unten auf der rechten Seite genau der Niere und der Lende entlang ins Innere des Oberschenkels und reicht bis zum Fuß hinab; diese heißt Hohlader.

5. Der andere Ast führt nach oben durch das Zwerchfell und die Lunge auf der rechten Seite; er bildet Verzweigungen zum Herzen und zum rechten Arm.

6. Der Rest verläuft nach oben durch das Schlüsselbein zur rechten Seite des Halses bis unmittelbar unter

die Haut, so daß man ihn deutlich sehen kann. Dicht neben dem Ohr entschwindet er dem Blick und teilt sich dort.

7. Der dickste, größte und hohlste Strang mündet in das Gehirn, ein anderer ins rechte Ohr, ein anderer ins rechte Auge, noch ein anderer in die Nase. So verläuft das Adersystem von der Leber aus.

8. Es erstreckt sich aber auch eine Ader von der Milz aus auf der linken Seite nach unten und oben, wie auch die aus der Leber, nur ist diese dünner und schwächer.

4

Funktion der Adern bei der Atmung.

1. Durch diese Adern atmen wir auch den größten Teil der Luft ein. Denn diese sind für uns die Atmungsorgane des Körpers, indem sie die Luft in sich hineinziehen und sie über die kleineren Adern in die übrigen Teile des Körpers leiten; diesen kühlen sie ab und lassen die Luft dann wieder hinaus.

2. Denn die Atemluft darf nicht stillstehen, sondern muß auf und nieder steigen. Wenn sie nämlich irgendwo stillsteht und abgeschnürt wird, wird jener Körperteil, wo sie stillsteht, kraftlos.

3. Beweis: Wenn jemandem im Liegen oder Sitzen die Äderchen so zusammengedrückt werden, daß die Luft von der Hauptader her nicht mehr hindurchgehen kann, werden die Glieder sofort taub. So verhält es sich mit den Adern.

5

Die Epilepsie befällt nur Menschen mit phlegmatischer Konstitution, die schon beim Embryo angelegt wird, wenn dessen Gehirn von den Feuchtigkeitsstoffen nicht richtig entschlackt wird.

1. Diese Krankheit nun befällt die Menschen mit schleimiger, nicht aber die mit galliger Konstitution. Ihre Entwicklung setzt beim Embryo ein, während er noch im Uterus ist.

2. Denn wie die anderen Organe, so wird auch das Gehirn vor der Geburt gereinigt und hat Ausscheidungen.

3. Wenn es bei dieser Reinigung richtig und angemessen gereinigt wird und nicht mehr und nicht weniger als nötig abfließt, so hat das Kind einen vollkommen gesunden Kopf.

4. Fließt aber zu viel aus dem gesamten Gehirn ab und tritt eine starke Verflüssigung ein, dann wird das Kind beim Heranwachsen einen kränkelnden Kopf haben, der voll von Geräusch ist, und es wird weder Sonne noch Kälte vertragen.

5. Geht aber [der Abfluß] nur von einem Teil [des Kopfes] aus, etwa von einem Auge oder Ohr, oder wenn eine Ader schrumpft, so wird jener Teil in dem Maß geschädigt, in dem er an der Verflüssigung teilhat.

6. Erfolgt aber keine Reinigung, sondern eine Verdichtung [der Flüssigkeit] im Gehirn, so wird [der Mensch] unweigerlich [ein Wesen] mit schleimiger Konstitution.

7. Wem aber als Kleinkind Geschwüre am Kopf ausschlagen und an den Ohren und auf der Haut und wem Speichel und Rotz abfließt, der kommt mit fortschreitendem Alter am leichtesten davon.

8. Denn da geht der Schleim ab und wird ausgeschwemmt, von dem er [schon] im Uterus hätte gereinigt werden müssen. Kinder, die auf diese Weise herangewachsen sind, werden meistens nicht von dieser Krankheit befallen.

9. Diejenigen aber, die rein sind und bei denen keine Geschwüre auftreten und auch kein Rotz und kein Speichel austritt und bei denen auch im Uterus keine Reinigung erfolgt ist, die sind in Gefahr, Opfer dieser Krankheit zu werden.

6

Folgen eines Schleimflusses zum Herzen, zur Lunge und zum Bauch.

1. Nimmt nun der Abfluß seinen Weg zum Herzen, ergreift [den Kranken] Herzklopfen und Asthma, und die Brust wird siech, manche werden sogar bucklig.

2. Denn wenn der Schleim kalt zur Lunge und zum Herzen herunterkommt, kühlt das Blut sich ab; die Adern, die schockartig gekühlt werden, pochen gegen die Lunge und das Herz, und das Herz klopft, so daß unter dieser gewaltsamen Einwirkung Asthma und Atemnot eintreten.

3. Denn der Kranke bekommt nicht so viel Atemluft, wie er möchte, bis der zugeflossene Schleim unter Kontrolle ist und sich nach gründlicher Erwärmung in die

Adern ausschüttet. Dann wird er vom Herzklopfen und vom Asthma befreit,

4. und zwar je nach der Menge [des Zuflusses]: Wenn mehr von oben zufließt, langsamer, wenn weniger, schneller, und wenn die Herabflüsse häufiger sind, hat er auch häufiger Anfälle.

5. Dies also erleidet er, wenn [der Schleim] zur Lunge und zum Herzen geht; geht er dagegen in die Verdauungsorgane, befällt ihn Durchfall.

7

Folgen eines Schleimflusses in die Luft- und Blutadern. Symptome des epileptischen Anfalls.

1. Wenn der Schleim von diesen Wegen abgeschnitten wird, dagegen aber seinen Abfluß in die vorher erwähnten Adern nimmt, verliert der Kranke die Sprache und leidet unter Erstickungsanfällen; Schaum fließt aus seinem Mund, die Zähne sind fest aufeinandergepreßt, die Hände krampfen sich zusammen, er verdreht die Augen und verliert das Bewußtsein; bei manchen geht auch Kot nach unten ab.

2. Diese Symptome treten bald auf der linken, bald auf der rechten Seite auf, bisweilen auf beiden zugleich.

3. Wie es aber zu jeder einzelnen dieser krankhaften Veränderungen kommt, will ich darlegen: die Sprache verliert er, wenn der Schleim plötzlich in die Adern herunterkommt und die Luft abschneidet und sie nicht hereinläßt, weder in das Gehirn noch in die Hohladern, noch in die Hohlräume, sondern die Atemwege abschnürt.

4. Denn wenn der Mensch durch Mund und Nase die Luft aufnimmt, geht sie zuerst in das Gehirn, darauf zum größten Teil in die Bauchhöhle, dann aber auch teils in die Lunge, teils in die Adern. Aus diesen verteilt sie sich über die [übrigen] Adern auf die übrigen Körperteile.

5. Und alles, was davon in die Bauchhöhle geht, kühlt diese ab, nützt aber weiter nichts. Dasselbe gilt von der Luft in der Lunge.

6. Die Luft aber, die in die Adern geht, nützt, indem sie in die Hohlräume eindringt und so das Bewußtsein verleiht und den Gliedern die Bewegung,

7. so daß, wenn die Adern durch den Schleim von der Luft abgeschnitten werden und diese nicht mehr aufnehmen können, sie dem Menschen Sprache und Bewußtsein rauben.

8. Die Hände aber werden kraftlos und verkrampfen sich, weil das Blut stillsteht und nicht wie gewohnt durchfließt.

9. Die Augen verdrehen sich, weil die kleinen Adern von der Luftzufuhr abgeschnitten werden und zucken.

10. Schaum, der aus dem Mund austritt, kommt aus der Lunge; wenn nämlich die Luft nicht in sie hineingelangt, so schäumt [der Kranke] und läßt Schaumfetzen emporquellen, als läge er im Sterben.

11. Der Kot geht ab unter dem Zwang drohenden Erstickens; der Kranke ist am Ersticken, wenn die Leber und der obere Teil des Bauches gegen das Zwerchfell drücken und der Mageneingang verschlossen ist. Dieser Druck tritt ein, wenn die Atemluft nicht wie gewohnt in den Körper kommt.

12. Er schlägt mit den Füßen aus, wenn die Luft in den

Beinen abgeschnitten wird und infolge des Schleims nicht mehr nach außen durchdringen kann. Wenn sie nun durch das Blut auf und ab jagt, verursacht sie Krampf und Schmerz. Deshalb schlägt er mit den Füßen aus.

13. Dies alles erleidet er, wenn der Schleim, der kalt ist, in das Blut, das warm ist, fließt. Denn er kühlt das Blut ab und bringt es zum Stillstand.

14. Wenn der Schleimfluß reichlich und dick ist, wirkt er sofort tödlich. Denn er überwältigt das Blut durch seine Kälte und läßt es erstarren.

15. Ist er aber spärlicher, so gewinnt er zwar augenblicklich die Oberhand, indem er die Atemzufuhr abschnürt; wenn er sich dann aber mit der Zeit über die Adern verteilt und sich mit dem vielen warmen Blut vermischt und auf diese Weise überwältigt wird, dann nehmen die Adern die Luft wieder auf, und das Bewußtsein kehrt zurück.

8

Wirkung epileptischer Anfälle bei Kindern.

1. Die als kleine Kinder von dieser Krankheit befallen werden, sterben in den meisten Fällen, wenn der Schleimfluß reichlich ist und bei Südwind eintritt.

2. Denn die kleinen Adern können, dünn wie sie sind, den Schleim wegen seiner Dicke und Menge nicht aufnehmen, sondern das Blut kühlt sich ab und erstarrt, und so tritt der Tod ein.

3. Ist [der Schleimfluß] aber gering und fließt er nicht in beide Adern hinab, sondern nur nach einer Seite, so

kommen die Kinder zwar davon, allerdings sind sie gezeichnet:

4. Entweder bleibt nämlich ihr Mund verzogen oder ein Auge oder der Hals oder eine Hand, oder wo sonst ein Äderchen von der Fülle des Schleims überwältigt und verengt wurde.

5. Durch dieses Äderchen muß also dieser geschädigte Teil des Körpers schwächer und anfälliger sein. Auf längere Zeit betrachtet, ist dieser Zustand aber meist von Nutzen: denn ein solches Kind wird nicht mehr befallen, wenn es einmal gezeichnet ist, und zwar aus folgendem Grund:

6. Infolge dieser gewaltsamen Einwirkung werden die übrigen Adern mitgeschädigt und teilweise verengt, so daß sie zwar die Luft aufnehmen können, der Zufluß des Schleimes aber nicht mehr in gleicher Weise vor sich gehen kann. Doch sind natürlich auch die Glieder schwächer, wenn die Adern geschädigt worden sind.

7. Die Kinder aber, denen bei Nordwind nur ganz wenig zur rechten Seite hin zufließt, die kommen davon, ohne gezeichnet zu sein; es besteht jedoch die Gefahr, daß die Krankheit mit ihnen aufwächst und stärker wird, wenn sie nicht mit den geeigneten Mitteln behandelt werden.

8. Bei den Kindern nun verläuft [die Krankheit] so oder ganz ähnlich.

9

Wirkung bei Erwachsenen und greisen Menschen.

1. Menschen mittleren Alters aber tötet eine Attacke dieser Krankheit nicht, noch löst sie Verzerrungen aus.

2. Denn die Adern sind hohl und voll von warmem Blut; darum kann der Schleim nicht Oberhand gewinnen und das Blut bis zur Erstarrung abkühlen, sondern er selbst wird überwältigt und vermischt sich schnell mit dem Blut, und so nehmen die Adern die Luft in sich auf, das Bewußtsein bleibt erhalten, und die oben erwähnten Symptome schlagen bei ihnen weniger durch wegen der Stärke der Betroffenen.

3. Menschen hohen Alters hingegen tötet eine Attacke dieser Krankheit oder führt bei ihnen zum Schlaganfall, weil ihre Adern leer sind und ihr spärliches Blut dünn und wäßrig ist.

4. Fließt nun viel Schleim herab und zur Winterszeit, so tötet er sie; denn er verstopft die Atemwege und läßt das Blut erstarren, wenn der Abfluß nach beiden Seiten erfolgt;

5. erfolgt er dagegen nur nach einer Seite, so führt er zum Schlaganfall; denn das Blut kann nicht Oberhand gewinnen über den Schleim, da es dünn, kalt und spärlich ist, sondern wird selbst überwältigt und erstarrt, so daß jene Teile, wo das Blut verdorben wurde, kraftlos sind.

10

Die äußeren Anläße des Schleimflusses, unterschieden nach Altersstufen.

1. Der Schleim fließt aber mehr nach der rechten als nach der linken Seite, weil dort die Adern hohler und zahlreicher sind als auf der linken Seite.

2. Herabfluß und Verflüssigung trifft vor allem die Kinder, deren Kopf durch die Sonne oder durch Feuer erhitzt und deren Gehirn darauf plötzlich einem Kälteschauer ausgesetzt wird; denn dann sondert sich der Schleim ab.

3. Er verflüssigt sich nämlich infolge der Erwärmung und Lockerung des Gehirns, sondert sich aber ab infolge seiner Abkühlung und Verdichtung, und so fließt er herab.

4. Bei den einen ist dies der Anlaß, bei anderen dagegen auch, wenn nach nördlichen Winden plötzlich Südwind aufkommt; dieser löst und lockert das zusammengezogene und angegriffene Gehirn, so daß der Schleim überquillt, und so kommt es zum Herabfluß.

5. Er erfolgt aber auch, wenn sich das Kind aus unerfindlichem Grund ängstigt, oder wenn es erschrickt, weil jemand geschrien hat, oder auch, wenn es mitten im Weinen nicht imstande ist, rasch wieder zu Atem zu kommen, was ja bei Kindern häufig vorkommt.

6. Was aber auch immer davon ihm widerfährt: sofort überläuft ein Kälteschauer seinen Körper, es verliert die Sprache und kann die Atemluft nicht mehr einziehen, sondern diese stockt, das Gehirn zieht sich zusammen

und das Blut steht still, und so wird der Schleim abgesondert und fließt herab.

7. Bei den Kindern sind dies die ersten Anlässe der Epilepsie, für alte Menschen dagegen ist der Winter der schlimmste Feind.

8. Denn wenn einem von ihnen neben einem starken Feuer Kopf und Gehirn erhitzt werden und er darauf in die Kälte kommt und erschauert, oder auch aus der Kälte in die Wärme sich begibt und an ein starkes Feuer, dann ergeht es ihm genauso, und er wird von der Krankheit befallen, entsprechend dem oben Gesagten.

9. Es besteht aber beträchtliche Gefahr, daß ihm auch im Frühling genau dasselbe widerfährt, falls sein Kopf der Sonne ausgesetzt wird; im Sommer hingegen ist die Gefahr am geringsten; denn dann treten keine brüsken Wetterumschläge auf.

10. Nach dem zwanzigsten Lebensjahr befällt diese Krankheit nur noch wenige oder gar keinen mehr, es sei denn, man trage sie schon von Kind auf in sich.

11. Denn die Adern sind dann mit viel Blut gefüllt, und das Gehirn ist verdichtet und fest, so daß der Schleim nicht in die Adern herabfließen kann; fließt er aber doch herab, überwältigt er das Blut nicht, da dieses reichlich vorhanden und warm ist.

11

Die Bedeutung der Wetterumschläge für den Anfall. Die Durchfeuchtung des Gehirns als eigentliche Ursache der Krankheit.

1. Bei wem aber von früher Kindheit auf dieses Leiden mitgewachsen ist und sich eingenistet hat, der erlebt dies für gewöhnlich bei den Wechseln der Winde und erleidet dann meistens einen Anfall, und zwar besonders bei Südwindlage, und die Befreiung davon ist schwierig;

2. denn das Gehirn ist dann feuchter, als es seiner Natur entspricht, und überquillt von Schleim, so daß die Herabflüsse häufiger auftreten, der Schleim aber nicht mehr ausgeschieden und das Gehirn nicht mehr trocken werden kann, sondern durchnäßt bleibt und feucht ist.

3. Man kann das am besten an folgendem erkennen: Wenn man dem Vieh, das von dieser Krankheit befallen ist, und vor allem den Ziegen[7] (denn diese werden am häufigsten ihr Opfer)

4. den Kopf durchschneidet und nachschaut, wird man finden, daß das Gehirn feucht, übervoll von einer wäßrigen Flüssigkeit und übelriechend ist.

5. Und dann wird man klar erkennen, daß nicht die Gottheit den Körper schädigt, sondern die Krankheit.

6. So ist es auch beim Menschen: Wenn die Krankheit chronisch geworden ist, ist sie nicht mehr heilbar; denn das Gehirn wird vom Schleim zerfressen und schmilzt; was bei diesem Prozeß wegschmilzt, wird zu Wasser und umgibt das Gehirn von außen und umspült es. Aus diesem Grund treten bei solchen Menschen Anfälle häufiger und leichter auf.

7. Und darum kann sich die Krankheit so lange hinziehen, weil der zufließende Schleim infolge seiner Menge dünn ist und sogleich vom Blut überwältigt und durchwärmt wird.

12

Verhalten der Kranken vor dem Anfall.

1. Alle, die schon an die Krankheit gewöhnt sind, merken im voraus, wenn ihnen ein Anfall droht, und sie fliehen aus dem Kreis der Menschen, und zwar, wenn ihr Haus in der Nähe ist, nach Hause, andernfalls an einen sehr abgelegenen Ort, wo ihn nur ganz wenige fallen sehen können, und er verhüllt sich sofort.

2. Dies tut er, weil er sich wegen seines Leidens schämt, und nicht, wie man gemeinhin glaubt, weil er sich vor dem Göttlichen fürchtet.

3. Die kleinen Kinder dagegen fallen anfänglich hin, wo es sich gerade trifft, weil sie mit der Krankheit noch nicht vertraut sind;

4. haben sie aber öfter einen Anfall erlitten, dann fliehen sie, sobald sie ihn nahen fühlen, zu ihrer Mutter oder sonst zu jemandem, den sie sehr gut kennen, aus Angst und Furcht vor dem Anfall. Denn ein Schamgefühl kennen sie noch nicht.

13

Die Wirkung der Winde, vor allem des Südwindes, auf den Organismus des Menschen, und ihre Bedeutung bei der Entstehung des epileptischen Anfalls.

1. Ich behaupte, daß die Anfälle aus folgenden Gründen beim Umschlag der Winde auftreten, und zwar besonders beim Aufkommen des Südwindes, dann des Nordwindes und schließlich der übrigen Winde;

2. denn jene beiden sind im Vergleich zu den übrigen Winden die stärkeren und einander am meisten entgegengesetzt hinsichtlich Richtung und Wirkung:

3. Der Nordwind nämlich kondensiert die Luft und scheidet das Trübe und Feuchte aus ihr aus und macht sie klar und durchsichtig; in gleicher Weise wirkt er auch auf alles andere, das im Meer seinen Ursprung nimmt und in den anderen Gewässern.

4. Denn er scheidet aus allem die Feuchtigkeit und den trüben Dunst aus, auch aus den Menschen selbst. Darum ist er auch der gesündeste Wind.

5. Der Südwind aber erzeugt eine diesem entgegengesetzte Wirkung. Denn zuerst beginnt er, die kondensierte Luft zu schmelzen und zu verdünnen, insofern er nicht sogleich kräftig weht, sondern zuerst ganz schwach ist; denn er vermag nicht sofort die noch dichte, kondensierte Luft vor sich zu bewältigen, sondern löst sie erst mit der Zeit auf.

6. Genau dieselbe Wirkung übt er aus auf die Erde, das Meer, die Flüsse, Quellen und Brunnen und auf alles, was wächst und Feuchtigkeit enthält. Feuchtigkeit ist aber in allem, in dem einen mehr, in dem anderen weniger.

7. All dies reagiert auf diesen Wind und wird statt klar trüb, statt kalt warm und statt trocken feucht.

8. Und die Tongefäße, die sich, gefüllt mit Wein oder einer anderen Flüssigkeit, in Lagerräumen oder unter der Erde befinden, sie alle reagieren auf den Südwind und verändern ihre Gestalt und Qualität.

9. Auch die Sonne, den Mond und die Sterne läßt er viel matter scheinen, als es ihrer Natur entspricht.

10. Wenn er nun auf diese so großen und stärkeren Dinge so deutlich Macht ausübt, so ergibt sich ganz von selbst, daß er über die Konstitution des Menschen siegt und der Körper als Reaktion darauf sich verändert.

11. Wechseln diese Winde, so muß also beim Aufkommen des Südwindes das Gehirn sich auflösen und zerfließen, und die Adern müssen erschlaffen;

12. beim Auftreten des Nordwindes dagegen muß sich der gesündeste Teil des Gehirns verdichten, der kränkste und feuchteste ausgeschieden werden und das Gehirn von außen umspülen, und so kommt es beim Wechsel dieser Winde unweigerlich zu den Herabflüssen.

13. So entsteht diese Krankheit und reift aus dem, was in den Körper eingeht, wie aus dem, was von ihm abgeht, und sie ist keineswegs schwieriger zu heilen und zu erkennen als die anderen und auch nicht göttlicher als die anderen.

14

Das Gehirn als Zentralorgan des Menschen. Pathologische Auswirkungen von Gehirnstörungen durch Qualitätsveränderungen.

1. Die Menschen sollten wissen, daß für uns nirgends anderswoher Lust und Frohsinn kommen und Lachen und Scherzen als von da, woher auch Schmerz, Kummer, Mißbehagen und Weinen stammen [d. h. aus dem Gehirn].

2. Und damit vor allem denken und erkennen wir, und sehen und hören und unterscheiden wir das Häß-

liche und das Schöne, das Schlechte und das Gute und das Angenehme und das Unangenehme,

3. indem wir es teils nach herkömmlichem Brauch beurteilen, teils aber nach seinem Nutzen wahrnehmen; und da wir nach diesen Gesichtspunkten auch Lust und Unlust je nach den Umständen unterscheiden, gefällt uns nicht immer dasselbe.

4. Durch eben dieses [Organ] rasen wir, und sind wir von Sinnen, befallen uns Angstzustände und Schreckvisionen, sowohl in der Nacht wie auch am Tage, ferner Schlaflosigkeit und groteske Fehlleistungen und unangebrachte Bedenken, Verkennung der Realität und Vergeßlichkeit.

5. All das erleiden wir vom Gehirn her, wenn es nicht gesund ist, sondern wärmer wird, als es seiner Natur entspricht, oder kälter oder feuchter oder trockener oder wenn es irgendeine andere widernatürliche Einwirkung erfährt, die es nicht gewohnt ist.

6. Und wenn wir rasen, ist die Feuchtigkeit dafür verantwortlich. Denn ist [das Gehirn] feuchter, als es seiner Natur entspricht, bewegt es sich notwendigerweise; wenn es sich aber bewegt, kann weder Gesicht noch Gehör ruhig bleiben, sondern man sieht und hört bald dies, bald jenes, und die Zunge äußert das, was man jeweils gerade sieht und hört.

7. Solange hingegen das Gehirn ruhig bleibt, solange auch ist der Mensch bei klarem Verstand.

15

Störungen des Gehirns durch Schleim, Galle und Blut.

1. Die Zersetzung des Gehirns vollzieht sich durch Schleim und Galle. Man wird die beiden Fälle auf folgende Weise erkennen:

2. Die Menschen, die unter der Einwirkung des Schleims geistesgestört sind [die Phlegmatiker], verhalten sich ruhig und schreien und toben nicht; diejenigen dagegen, die unter der Einwirkung der Galle geistesgestört sind [die Choleriker], sind Schreihälse und bösartig und nicht ruhig, sondern treiben ständig Unfug. Wenn sie nun dauernd geistesgestört sind, sind dies die Ursachen.

3. Wenn aber Angstzustände und Schreckvisionen an sie herantreten, [geschieht dies] infolge einer Veränderung des Gehirns. Es verändert sich durch Erwärmung, erwärmt aber wird es von der Galle, wenn diese aus dem Körper durch die blutführenden Adern in Richtung Gehirn schießt. Der Angstzustand bleibt bestehen, bis die Galle wieder in die Adern und den Körper abzieht; danach ist er vorüber.

4. Gequält und angewidert hingegen fühlt sich der Kranke, wenn das Gehirn übermäßig abgekühlt wird und sich gegen die Gewohnheit zusammenzieht. Das erleidet er infolge des Schleims. Unter eben diesem Einfluß verliert er das Gedächtnis.

5. In den Nächten aber ruft und schreit er, wenn plötzlich das Gehirn erhitzt wird. (Das erleiden die Menschen mit galliger Konstitution, die mit schleimiger aber

nicht.) Es wird aber erhitzt, wenn das Blut in großer Menge zum Gehirn dringt und es zum Sieden bringt.

6. Es fließt aber in großer Menge in den oben erwähnten Adern, wenn der Mensch einen schrecklichen Traum hat und in Panik ist.

7. Wie nun auch im Wachzustand dann sein Gesicht ganz besonders flammt und die Augen rot durchglüht sind, wenn er erschrickt und sein Verstand sich eine Untat ausdenkt, so ergeht es ihm auch im Schlaf.

8. Wenn er dann aber aufgewacht und zur Besinnung gekommen ist und das Blut sich wieder in die Adern verteilt hat, ist der Anfall vorüber.

16

Das Gehirn als Vermittler der in der Luft enthaltenen Denkfähigkeit. Die Sinnesorgane, Sprechen und Bewegung gehorchen den Impulsen des Gehirns, die über die Luft an die einzelnen Körperteile geleitet werden.

1. Dementsprechend hat das Gehirn, wie ich glaube, die größte Macht im Menschen; denn dieses ist uns, wenn es gesund ist, der Vermittler dessen, was von der Luft kommt.

2. Die Denkfähigkeit aber verleiht die Luft. Die Augen, die Ohren, die Zunge, die Hände und die Füße führen das aus, was das Gehirn als richtig erkennt;

3. denn der ganze Körper hat Anteil an der Denkfähigkeit, solange er an der Luft Anteil hat, das Gehirn aber vermittelt die Denkfähigkeit an das Organ der Erkenntnis.

4. Denn wenn der Mensch die Atemluft in sich hineinzieht, gelangt sie zuerst in das Gehirn, und so wird die Luft in den übrigen Körper verteilt, wobei sie ihre Quintessenz und das, was zum Denken gehört und über geistige Kraft verfügt, im Gehirn zurückläßt.

5. Wenn sie nämlich zuerst in den Körper und erst danach in das Gehirn gelangte, so ließe sie im Fleisch und in den Adern das Erkenntnisvermögen zurück und käme dann erwärmt und nicht unvermischt ins Gehirn, sondern vermengt mit der Feuchtigkeit aus dem Fleisch und dem Blut, so daß sie ihre vollkommene Qualität eingebüßt hätte.

6. Daher behaupte ich, daß das Gehirn die Erkenntnis vermittelt.

17

Das Gehirn ist das geistige Führungsorgan, nicht das Zwerchfell oder das Herz.

1. Das Zwerchfell aber trägt seinen Namen fälschlicherweise[8]; es hat ihn durch Zufall bekommen und nach volkstümlicher Auffassung, nicht aber aufgrund des wirklichen Sachverhalts;

2. ich jedenfalls wüßte nicht, welches Denk- und Erkenntnisvermögen das Zwerchfell haben sollte,

3. es sei denn, daß es, wenn der Mensch sich unvermutet übermäßig freut oder grämt, Sprünge macht und Übelkeit auslöst, weil es dünn und von allen Organen im Körper am meisten angespannt ist und keinen Hohlraum hat, in den es Anfallendes, sei es gut, sei es schlecht, aufnehmen sollte,

4. sondern es ist dann durch diese beiden Einwirkungen infolge der Schwäche seiner Natur gestört; denn auf alle Fälle nimmt es nichts vor den [übrigen] innern Organen wahr,

5. sondern es hat seine Bezeichnung und seinen Ruf, Ursache der geistigen Prozesse zu sein, ganz ohne Grund, wie ja auch die sogenannten »Ohren«[9] am Herzen nichts zum Hören beitragen.

6. Einige aber behaupten, daß wir mit dem Herzen denken und daß dies das Organ ist, das sich grämt und sich Sorgen macht. Das stimmt aber nicht, sondern es zieht sich zusammen wie das Zwerchfell, und zwar noch stärker, aus denselben Gründen:

7. Aus dem ganzen Körper führen Adern zu ihm hin, und es hält sie so umschlossen, daß es darauf reagiert, wenn der Mensch irgendeiner Belastung oder Spannung ausgesetzt wird.

8. Und zwangsläufig erschauert der Körper bei seelischer Belastung und zieht sich zusammen, desgleichen bei übermäßiger Freude, weil vor allem das Herz und das Zwerchfell am meisten darauf reagieren; am Denkvermögen indessen hat keins von beiden Anteil, sondern für all dies ist das Gehirn die Ursache.

9. Wie es nun als erstes der Körperorgane auf die Denkkraft, die von der Luft ausgeht, reagiert, so nimmt das Gehirn auch als erstes wahr, wenn eine stärkere Veränderung in der Luft infolge der Jahreszeiten eintritt und die Luft ihren früheren Zustand aufgibt.

10. Darum, behaupte ich, befallen es auch die schneidendsten, ernstesten und tödlichsten Krankheiten, die für die Unerfahrenen am schwierigsten zu bestimmen sind.

18

Die natürlichen Ursachen der Epilepsie und ihre grundsätzliche Heilbarkeit.

1. Die eben besprochene sogenannte heilige Krankheit entsteht aus denselben Ursachen wie die übrigen: aus dem, was [zum Körper] hinzukommt und [von ihm] weggeht, und durch Kälte, Sonne und Winde, die ständig umschlagen und niemals ruhig bleiben.

2. Dies alles aber ist göttlich, so daß man diese Krankheit nicht ausgrenzen und für göttlicher als die übrigen halten darf, sondern alle muß man für göttlich und alle für menschlich halten; jede hat ihre eigentümliche Natur und Wirkkraft, und keine ist [einer Behandlung] unzugänglich, und bei keiner sind wir hilflos.

3. Heilbar aber sind die meisten genau durch das, wodurch sie auch entstehen; denn eines fördert die eine Krankheit, anderes eine andere, hin und wieder aber schädigt auch beides.

4. Darauf also muß sich der Arzt verstehen, daß er den richtigen Zeitpunkt für jede einzelne Maßnahme erkennt und dem einen die Nahrung gibt und sie so gedeihlich macht, dem anderen aber entzieht und vermindert.

5. Denn man darf bei dieser Krankheit und bei allen anderen die Leiden nicht vergrößern, sondern muß sie ausschalten, indem man jeder Krankheit das ihr Feindlichste zuführt und nicht das, was sie sich gewohnt ist. Denn unter der Einwirkung des Gewohnten blüht und wächst sie, unter dem Einfluß des ihr Feindlichen aber schwindet und verglüht sie.

6. Wer immer aber sich darauf versteht, in den Menschen durch Diät Trockenheit und Feuchtigkeit, Kälte und Wärme zu schaffen, der dürfte wohl auch diese Krankheit heilen, sofern er den jeweils richtigen Zeitpunkt für die nützlichen Vorkehrungen zu erkennen vermöchte, ohne Entsühnungen und Zauberei und all den anderen Humbug dieser Art.

Anmerkungen

1 Quotidianfieber: einen Tag um den andern eintretend. Daß das Fieber regelmäßig jeden dritten, vierten Tag kommt, kann den Eindruck erwecken, hinter dieser Gesetzmäßigkeit stehe ein persönlicher (göttlicher) Urheber.

2 Vgl. den Glauben, daß das Kind nicht geboren werden könne, solange Eileithyia, die Geburtsgöttin, die Hände gefaltet hat. Hier bannt sich der Befallene selbst.

3 Das benutzte Verb bedeutet, durch zu heißes Wasser »abkochen«; besonders viele Neugeborene fanden auf diese Art den Tod. Im Mythos verbrühte Daidalos Minos mit kochendem Wasser und entledigte sich so seines ihn verfolgenden Feindes.

4 Herodot bemerkt IV 189, daß die Kleidung der Libyerinnen aus Ziegenfell besteht. IV 187 sagt er, daß »die Libyer von allen uns bekannten Menschen die gesündesten« sind.

5 Enodia: Göttin der Dreiwege, die gelegentlich mit der wenig später (38) erwähnten Hekate gleichgesetzt wurde.

6 Vgl. Homer O 605-607: Dieser [Hektor] wütete wie der lanzengewaltige Ares ... Es trat ihm Schaum um die Lippen, ...

7 Das Gehirn der drehkranken, für epileptisch geltenden Ziegen ist wäßrig, was einen Analogieschluß auf die Menschen gestattet. Sektionen an Tierleichen hat schon Alkmaion von Kroton vorgenommen.

8 Schon bei Homer wird dem Zwerchfell Erkenntnisvermögen zugeschrieben. Das griechische Wort für Zwerchfell (phrenes) und das hier mit »erkennen« (»Erkenntnisvermögen«) übersetzte Verb (phronein) hängen etymologisch zusammen.

9 »Ohren am Herzen«: auricula cordis, die vordere Abteilung der Vorhöfe des Herzens.

Literaturhinweise zur Schrift

Als Textgrundlage diente der *griechische Text* aus: Die hippokratische Schrift »Über die heilige Krankheit«. Herausgegeben, übersetzt und erläutert von *Hermann Grensemann*. Berlin 1968. Band 1 der Reihe ARS MEDICA. Texte und Untersuchungen zur Quellenkunde der Alten Medizin. II. Abteilung: Griechisch-lateinische Medizin. Herausgegeben von Karl Deichgräber, Hans Diller, Heinz Goerke.

Grensemanns Übersetzung und Analyse war für unsere Darstellung wegweisend. Für eine vertiefte Auseinandersetzung mit der Schrift von der Epilepsie ist seine Untersuchung unentbehrlich. Mit reicher Bibliographie.

Weitere benutzte Ausgaben und Übersetzungen

(vgl. Literaturhinweise zum Eid):

Capelle, W.: Fünf auserlesene Schriften. Eingeleitet und übertragen von W. C. Zürich 1955, und Frankfurt/M. und Hamburg 1959. S. 55-74.

Diller, H.: Hippokrates. Schriften. Die Anfänge der abendländischen Medizin. Übersetzt und mit Einführungen, einem Essay ›Zum Verständnis der Schriften‹ und einer Bibliographie herausgegeben. Hamburg 1962. S. 131-149.

Jones, W.H.S.: Hippocrates, with an english translation. Volume II. London-Cambridge (Mass.) 1923. Reprinted 1992. S. 129-183.

Littré, E.: Oeuvres complètes d' Hippocrate. Traduction nouvelle avec le texte grec. Paris 1839-1861/Amsterdam 1961-1962. 10 Bände. De Morbo Sacro Band 6. S. 350-397.

Müri, W.: Der Arzt im Altertum. Griechische und lateinische Quellenstücke von Hippokrates bis Galen mit der Übertragung ins Deutsche. Mit einer Einführung von H. Grensemann. Zürich [5]1986. S. 234-268.

v. Wilamowitz-Moellendorff, U.: Griechisches Lesebuch I. Text, 2. Halbband. Berlin [6]1926. S. 269-277. II. Erläuterungen, 2. Halbband. Berlin [5]1932. S. 168-172.

Untersuchungen

Deichgräber, K.: Die Epidemien und das Corpus Hippocraticum. Voruntersuchungen zu einer Geschichte der koischen Ärzteschule. Abh. Preuss. Akad. Wiss. 1933. Phil.-Hist. Klasse Nr. 3. Berlin 1933.

Heinimann, F.: Nomos und Physis. Herkunft und Bedeutung einer Antithese im griechischen Denken des 5. Jahrhunderts. Basel 1945/Darmstadt 1965.

Nörenberg, H.-W.: Das Göttliche und die Natur in der Schrift Über die heilige Krankheit. Bonn 1968.

Pohlenz, M.: Hippokrates und die Begründung der wissenschaftlichen Medizin. Berlin 1938.

Rivier, A.: Recherches sur la tradition manuscrite du traité hippocratique De morbo sacro. Berne 1962.

Wellmann, M.: Die Schrift »Von der heiligen Krankheit« des Corpus Hippocraticum. Sudhoffs Arch. Gesch. Med. 22. Leipzig 1929. S. 290-312.

v. Wilamowitz-Moellendorff, U.: Die hippokratische Schrift »Von der heiligen Krankheit«. SitzBer. Preuss. Akad. Wiss. Berlin 1901. S. 2-23.

Wurz, M.: Die Hippokratische Schrift »Über die heilige Krankheit« textkritisch und sprachlich untersucht. Diss. phil. (masch. schr.). Wien 1953.

Kurze, doch sehr prägnante Bemerkungen zur Schrift »Von der heiligen Krankheit« gibt:

Lesky, A.: Geschichte der Griechischen Literatur. Bern [3]1971. S. 551f.

Zwei geschichtliche Darstellungen:

Heintel, H.: Quellen zur Geschichte der Epilepsie. Bern, Stuttgart, Wien 1975.

Temkin, Owsei.: The Falling Sickness. A history of Epilepsy from the Greeks to the beginnings of modern neurology. Baltimore and London ²1971 (mit umfassender Bibliographie).

Kunst und Musik
im insel taschenbuch

Oskar Bätschmann: Edouard Manet. Der Tod des Maximilian. Eine Kunst-Monographie. Mit Abbildungen und einer farbigen Klapptafel. it 1482

Besuche im Städel. Betrachtungen zu Bildern. Herausgegeben von Klaus Gallwitz. Mit biographischen Notizen von Dolf Sternberger. it 939

Gottfried Boehm: Paul Cézanne. Montagne Sainte-Victoire. Eine Kunst-Monographie. Mit Abbildungen und einer farbigen Klapptafel. it 826

Roland Bothner: Auguste Rodin. Die Bürger von Calais. Eine Kunst-Monographie. Mit Abbildungen und einer farbigen Klapptafel. it 1483

Cézanne. Leben und Werk in Texten und Bildern. Von Margret Boehm-Hunold. it 1140

George Clémenceau: Claude Monet. Betrachtungen und Erinnerungen eines Freundes. Mit farbigen Abbildungen und einem Nachwort von Gottfried Boehm. it 1152

Das Evangeliar Heinrichs des Löwen. Erläutert von Elisabeth Klemm. Mit farbigen Bildtafeln. it 1121

Die Familie Mendelssohn. 1729 bis 1847. Nach Briefen und Tagebüchern herausgegeben von Sebastian Hensel. it 1671

Esther Gallwitz: Kleiner Kräutergarten. Kräuter und Blumen bei den Alten Meistern im Städel. Mit farbigen Abbildungen. it 1420

Sebastian Goeppert / Herma Goeppert-Frank: Pablo Picasso. Minotauromachie. Mit zahlreichen Abbildungen und einer Klapptafel. it 1533

Goethes Gedanken über Musik. Eine Sammlung aus seinen Werken, Briefen, Gesprächen und Tagebüchern. Herausgegeben von Hedwig Walwei-Wiegelmann. Mit achtundvierzig Abbildungen, erläutert von Hartmut Schmidt. it 800

Vincent van Gogh: Briefe an seinen Bruder. Drei Bände in Kassette. Herausgegeben von Johanna Gesina van Gogh-Bongers. Deutsch von Leo Klein-Diepold und Carl Einstein. Mit farbigen Abbildungen. it 954

– Feuer der Seele. Gedanken zum Leben, zur Liebe und zur Kunst. Ausgewählt aus seinen Briefen und mit einem Nachwort versehen von Ursula Michels-Wenz. it 1265

Van Gogh in seinen Briefen. Mit Abbildungen. it 177

Herman Grimm: Das Leben Michelangelos. it 1758

Gernot Gruber: Mozart. Leben und Werk in Texten und Bildern. Von Gernot Gruber. it 1695

157/1/12.95

Kunst und Musik
im insel taschenbuch

Christiaan L. Hart Nibbrig: Ästhetik des Todes. Mit zahlreichen Abbildungen. it 1697

Joachim Heusinger von Waldegg: Fernand Léger. La Ville. Eine Kunst-Monographie. Mit farbigen Abbildungen und einer farbigen Klapptafel. it 1705

Wolfgang Hildesheimer: Endlich allein. Collagen. Mit einer Einführung des Künstlers »Die Ästhetik der Collage«. it 898

Freia Hoffmann: Instrument und Körper. Die musizierende Frau in der bürgerlichen Kultur. it 1274

Richard Hoppe-Sailer: Paul Klee. Ad Parnassum. Eine Kunst-Monographie. Mit Abbildungen und einer farbigen Klapptafel. it 1485

Max Imdahl: Picassos Guernica. Eine Kunst-Monographie. Mit Abbildungen und einer Klapptafel. it 806

Heinz Jatho: Max Beckmann. Das Schauspieler-Triptychon. Eine Kunst-Monographie im insel taschenbuch. Mit Abbildungen und einer farbigen Klapptafel. it 1134

Harald Keller: Französische Impressionisten. Herausgegeben von Elisabeth Herget und Wilhelm Schlink. Mit farbigen Abbildungen. it 1515

– Die Kunstlandschaften Italiens. Toskana. Florenz. Umbrien. Rom. Lombardei. Emilia. Venedig. Zwei Bände in Kassette. Mit zahlreichen Abbildungen. it 1576

Hiltrud Kier: Architektur der 50er Jahre. Bauten des Gerling-Konzerns in Köln. Eine Kunst-Monographie. Mit Abbildungen und einer farbigen Klapptafel. it 1617

Gisela Kleine: Gabriele Münter und Wassily Kandinsky. Biographie eines Paares. Mit farbigen Abbildungen. it 1611

Eckart Kleßmann: Die Familie Mendelssohn. Mit zahlreichen Abbildungen. it 1523

Oskar Kokoschka. Leben und Werk in Daten und Bildern. Herausgegeben von Norbert Werner. it 909

Kunstführer durch Sachsen und Thüringen. Herausgegeben von Katharina Flügel. Mit farbigen Abbildungen. it 1327

Monique Lange: Edith Piaf. Die Geschichte der Piaf. Ihr Leben in Texten und Bildern. Aus dem Französischen von Hugo Beyer. Mit einer Discographie. it 516

Christa Lichtenstern: Henry Moore. Liegende. Zweiteilig Liegende I – Landschaft und Figur. Eine Kunstmonographie. Mit Abbildungen und einer farbigen Klapptafel. it 1612

Michael Lüthy: Andy Warhol. Thirty Are Better Than One. Eine Kunst-Monographie. Mit Abbildungen und einer farbigen Klapptafel. it 1759

157/2/12.95

Kunst und Musik
im insel taschenbuch

Julius Marusz: Porzellan. Betrachtungen aus der Geschichte der ältesten Manufakturen Europas. Mit zahlreichen Abbildungen. it 1760

Julius Meier-Graefe: Renoir. Mit farbigen Abbildungen und einem Nachwort von Andreas Beyer. it 1653

Friedhelm Mennekes: Arnulf Rainer. Weinkreuz. Eine Kunst-Monographie. Mit Abbildungen und einer farbigen Klapptafel. it 1569

Minnesinger. In Bildern der Manessischen Liederhandschrift. Mit Erläuterungen herausgegeben von Walter Koschorreck. Vierundzwanzig Abbildungen. it 88

Modernes Museum. Bilder, Objekte, Installationen im Museum für Moderne Kunst Frankfurt am Main. Von Michael Hierholzer. Mit einem Vorwort von Jean-Christophe Ammann und farbigen Abbildungen. it 1647

Friedrich de la Motte-Fouqué: Undine. Ein Märchen von Friedrich de la Motte-Fouqué. Musik von E.T.A. Hoffmann. Mit Bildern von Karl Friedrich Schinkel. Mit einem Essay von Ute Schmidt-Berger. it 1353

Wolfgang Amadeus Mozart: Briefe. Ausgewählt, eingeleitet und kommentiert von Wolfgang Hildesheimer. Mit zahlreichen Abbildungen. it 1696

Axel Müller: René Magritte. Die Beschaffenheit des Menschen I. Eine Kunst-Monographie im insel taschenbuch. Mit Abbildungen und einer farbigen Klapptafel. it 1202

Museumsbesuche. Schweizer Schriftsteller schreiben zu Bildern der Stiftung Oskar Reinhart. Vorwort von Paul Nizon. Mit farbigen Abbildungen. it 1539

Romola Nijinsky: Nijinsky. Der Gott des Tanzes. Biographie von Romola Nijinsky. Vorwort von Paul Claudel. Übersetzt von Hans Bütow. it 566

Manfred Reitz: Große Kunstfälschungen. Falsche Kunst und echte Fälscher unter die Lupe genommen. Mit zahlreichen Abbildungen. it 1534

Rainer Maria Rilke: Auguste Rodin. Mit 96 Abbildungen. it 766

– Briefe über Cézanne. Herausgegeben von Clara Rilke. Besorgt und mit einem Nachwort versehen von Heinrich Wiegand Petzet. Mit siebzehn farbigen Abbildungen. it 672

– Worpswede. Fritz Mackensen. Otto Modersohn. Fritz Overbeck. Hans am Ende. Heinrich Vogeler. Mit zahlreichen Abbildungen und Farbtafeln im Text. it 1011

Thomas Röske: Ernst Ludwig Kirchner. Tanz zwischen den Frauen. Eine Kunst-Monographie. Mit Abbildungen und einer farbigen Klapptafel. it 1564

157/3/12.95

Kunst und Musik
im insel taschenbuch

Thorsten Scheer / Anja Thomas-Netik: Piet Mondrian. Komposition in Rot, Gelb und Blau. Eine Kunst-Monographie. Mit Abbildungen und einer farbigen Klapptafel. it 1688

Wieland Schmied: Giorgio de Chirico. Die beunruhigenden Musen. Eine Kunst-Monographie. Mit Abbildungen und einer farbigen Klapptafel. it 1484

Christoph Schreier: Wassily Kandinsky. Bild mit schwarzem Bogen. Eine Kunst-Monographie von Christoph Schreier. Mit Abbildungen und einer farbigen Klapptafel. it 1355

Michael Schroeder: Kleine Wappenkunst. Mit farbigen Abbildungen. it 1281

Otfried Schütz: Henri Matisse. Die blauen Akte. Eine Kunst-Monographie. Mit Abbildungen und einer farbigen Klapptafel. it 1795

Birgit Schwarz: Otto Dix. Großstadt. Eine Kunst-Monographie. Mit Abbildungen und einer farbigen Klapptafel. it 1486

Katrin Simons: El Lissitzky. Proun 23 N oder Der Umstieg von der Malerei zur Gestaltung. Eine Kunst-Monographie. Mit Abbildungen und einer farbigen Klapptafel. it 1376

Dolf Sternberger: Über Jugendstil. Mit farbigen Abbildungen. it 274

Petra Waltke-Lampmann: Alexander Calder. Hellebardenträger. Monumentalität in filigraner Leichtigkeit. Eine Kunst-Monographie. Mit Abbildungen und einer farbigen Klapptafel. it 1680

Die Welt der Museen. Herausgegeben von Joachim Rönneper. it 1493

Gundolf Winter: Paul Gauguin. Jakobs Kampf mit dem Engel oder Vision nach der Predigt. Eine Kunst-Monographie. Herausgegeben von Gundolf Winter. Mit Abbildungen und einer farbigen Klapptafel. it 1387

ZEIT-Museum der 100 Bilder. Autoren und Künstler über ihr liebstes Kunstwerk. Herausgegeben von Fritz J. Raddatz. Mit farbigen Abbildungen. it 1213

157/4/12.95

Philosophie
im insel taschenbuch

Alain: Sich beobachten heißt sich verändern. Betrachtungen. Auswahl, Übersetzung und Nachwort von Franz Josef Krebs. Neuübersetzung. it 1559

Augustinus: Bekenntnisse. Lateinisch und deutsch. Eingeleitet, übersetzt und erläutert von Joseph Bernhart. Mit einem Vorwort von Ernst Ludwig Grasmück. it 1002

Francis Bacon: Essays. Herausgegeben und mit einem Nachwort versehen von Helmut Winter. it 1514

Jakob Böhme: Aurora oder Morgenröte im Aufgang. Herausgegeben von Gerhard Wehr. it 1411

– Christosophia. Ein christlicher Einweihungsweg. Herausgegeben von Gerhard Wehr. it 1412

– Theosophische Sendbriefe. Herausgegeben von Gerhard Wehr. it 1786

– Von der Gnadenwahl. Herausgegeben von Gerhard Wehr. it 1738

– Von der Menschwerdung Christi. Herausgegeben von Gerhard Wehr. it 1737

Boethius: Trost der Philosophie. Zweisprachige Ausgabe. Lateinisch und deutsch. Mit einem Nachwort von Ernst Ludwig Grasmück. it 1215

Denken mit Diderot und anderen Philosophen. Herausgegeben von Horst Günther. it 1746

Epiktet: Wege zum glücklichen Handeln. Aus dem Lateinischen von Wilhelm Capelle. it 1458

Epikur: Philosophie der Freude. Briefe, Hauptlehrsätze, Spruchsammlung, Fragmente. Übertragen und mit einem Nachwort versehen von Paul M. Laskowsky. it 1057

Bernulf Kanitscheider: Auf der Suche nach dem Sinn. it 1748

Kant-Brevier. Ein philosophisches Lesebuch für freie Minuten. Herausgegeben von Wilhelm Weischedel. it 61

Sören Kierkegaard: Tagebuch des Verführers. Aus dem Dänischen von Helene Ritzerfeld. it 405

Machiavelli für Manager. Sentenzen. Ausgewählt von Luigi und Elena Spagnol. it 1733

Niccolò Machiavelli: Der Fürst. Aus dem Italienischen von Friedrich von Oppeln-Bronikowski. Mit einem Nachwort von Horst Günther. it 1207

Marc Aurel: Selbstbetrachtungen. Aus dem Lateinischen von Otto Kiefer. Mit einem Vorwort von Klaus Sallmann. it 1374

Meister Eckhart: Das Buch der göttlichen Tröstung. Ins Neuhochdeutsche übertragen von Josef Quint. it 1005

167/1/12.95

Philosophie
im insel taschenbuch

Michel de Montaigne: Essais. Herausgegeben und mit einem Nachwort versehen von Ralph-Rainer Wuthenow. Revidierte Fassung der Übertragung von Johann Joachim Bode. it 220

Thomas Morus: Utopia. Mit einem Nachwort von Norbert Elias. it 1206

Franz Moser: Bewußtsein in Raum und Zeit. Grundlagen der holistischen Weltsicht. it 1797

Friedrich Nietzsche: Also sprach Zarathustra. Ein Buch für alle und keinen. Thomas Mann: Die Philosophie Nietzsches im Lichte unserer Erfahrung. it 145 und it 1638

– Der Antichrist. Versuch einer Kritik des Christentums. it 947

– Briefe. Ausgewählt von Richard Oehler. Mit einem Essay von Ralph-Rainer Wuthenow. it 1546

– Ecce homo. Mit einem Vorwort von Raoul Richter und einem Nachwort von Ralph-Rainer Wuthenow. it 290

– Die fröhliche Wissenschaft. Mit einem Nachwort von Ralph-Rainer Wuthenow. it 635

– Die Geburt der Tragödie aus dem Geiste der Musik. Mit einem Nachwort von Peter Sloterdijk. it 1012

– Gedichte. Herausgegeben von Karl Riha. it 1622

– Zur Genealogie der Moral. Eine Streitschrift. it 1308

– Götzen-Dämmerung oder Wie man mit dem Hammer philosophiert. it 822

– Jenseits von Gut und Böse. Mit der Streitschrift ›Zur Genealogie der Moral‹ und einem Nachwort von Ralph-Rainer Wuthenow. it 762

– Menschliches, Allzumenschliches. Ein Buch für freie Geister. Mit einem Nachwort von Ralph-Rainer Wuthenow. it 614

– Morgenröte. Gedanken über die moralischen Vorurteile. Mit einem Nachwort von Ralph-Rainer Wuthenow. it 678

– Über die Frauen. Herausgegeben und mit einem Nachwort versehen von Klaus Goch. it 1335

– Unzeitgemäße Betrachtungen. Mit einem Nachwort von Ralph-Rainer Wuthenow. it 509

– Vom Nutzen und Nachteil der Historie für das Leben. it 1236

– ›Wie man wird, was man ist.‹ Ermutigungen zum kritischen Denken. Herausgegeben von Ursula Michels-Wenz. it 1096

Jean Orieux: Das Leben des Voltaire. Aus dem Französischen von Julia Kirchner. Mit einer Zeittafel und einem kommentierten Personenregister. it 1651

167/2/12.95

Philosophie
im insel taschenbuch

Blaise Pascal: Größe und Elend des Menschen. Aus den »Pensées«. Auswahl, Übersetzung und Nachwort von Wilhelm Weischedel. it 441

Platon: Sämtliche Werke. Griechisch und deutsch. Nach der Übersetzung Friedrich Schleiermachers, ergänzt durch Übersetzungen von Franz Susemihl u.a. Griechischer Text nach der letztgültigen Gesamtausgabe der Association Guillaume Budé. Herausgegeben von Karlheinz Hülser. Zehn Bände in Kassette. it 1401-1410

– Apologie. Protagoras. Sämtliche Werke I. Ion. Protagoras. Apologie. Kriton. Laches. Lysis. Charmides. Griechisch und deutsch. it 1401

– Euthyphron. Gorgias. Sämtliche Werke II. Euthyphron. Alkibiades I. Gorgias. Menexenos. Griechisch und deutsch. it 1402

– Menon. Kratylos. Sämtliche Werke III. Menon. Kratylos. Euthydemos. Hippias maior. Griechisch und deutsch. it 1403

– Symposion. Phaidon. Sämtliche Werke IV. Hippias minor. Symposion. Phaidon. Griechisch und deutsch. it 1404

– Politeia. Sämtliche Werke V. Politeia. Griechisch und deutsch. it 1405

– Theaitetos. Phaidros. Sämtliche Werke VI. Phaidros. Theaitetos. Griechisch und deutsch. it 1406

– Sophistes. Politikos. Sämtliche Werke VII. Parmenides. Sophistes. Politikos. Griechisch und deutsch. it 1407

– Timaios. Kritias. Sämtliche Werke VIII. Philebos. Timaios. Kritias. Griechisch und deutsch. it 1408

– Nomoi. Sämtliche Werke IX. Nomoi. Griechisch und deutsch. it 1409

– Briefe. Sämtliche Werke X. Briefe. Unechtes. Griechisch und deutsch. it 1410

– Das Trinkgelage oder Über den Eros. Übertragung, Nachwort und Erläuterungen von Ute Schmidt-Berger. Mit einer Wirkungsgeschichte von Jochen Schmidt und griechischen Vasenbildern. it 681

Jean-Jacques Rousseau: Bekenntnisse. Aus dem Französischen von Ernst Hardt. Mit einer Einführung von Werner Krauss. it 823

Arthur Schopenhauer: Aphorismen zur Lebensweisheit. Vollständige Ausgabe mit Erläuterungen und Übersetzung der fremdsprachigen Zitate. Mit einem Nachwort von Hermann von Braunbehrens. Mit 16 Daguerreotypien und Fotos und Bilderläuterungen von Arthur Hübscher. it 223

– Die Kunst, Recht zu behalten. Herausgegeben und mit einem Nachwort versehen von Franco Volpi. it 1658

Arthur Schopenhauer. Leben und Werk in Texten und Bildern. Herausgegeben von Angelika Hübscher. it 1059

Seneca für Manager. Sentenzen. Ausgewählt und übersetzt von Gerhard Schoeck. it 1656

167/3/12.95

Philosophie
im insel taschenbuch

Seneca: Vom glücklichen Leben. Philosophische Schriften und Briefe. Herausgegeben und aus dem Lateinischen übertragen von Heinz Berthold. it 1457

– Von der Seelenruhe. Philosophische Schriften und Briefe. Herausgegeben und aus dem Lateinischen übertragen von Heinz Berthold. it 743

Voltaire: Candide oder der Optimismus. Mit Zeichnungen von Paul Klee. it 11

167/4/12.95

Die Antike
im insel taschenbuch

Apuleius: Der goldene Esel. Mit Illustrationen von Max Klinger zu ›Amor und Psyche‹. Aus dem Lateinischen von August Rode. Mit einem Nachwort von Wilhelm Haupt. it 146

Augustinus: Bekenntnisse. Lateinisch und deutsch. Eingeleitet, übersetzt und erläutert von Joseph Bernhart. Mit einem Vorwort von Ernst Ludwig Grasmück. it 1002

Boethius: Trost der Philosophie. Zweisprachige Ausgabe. Lateinisch und deutsch. Mit einem Nachwort von Ernst Ludwig Grasmück. it 1215

Roberto Calasso: Die Hochzeit von Kadmos und Harmonia. Aus dem Italienischen von Moshe Kahn. it 1476

Catull: Sämtliche Gedichte. Lateinisch und deutsch. Aus dem Lateinischen von Carl Fischer. Mit einem Nachwort von Bernhard Kytzler. it 1736

Epiktet: Wege zum glücklichen Handeln. Aus dem Lateinischen von Wilhelm Capelle. it 1458

Epikur: Philosophie der Freude. Briefe, Hauptlehrsätze, Spruchsammlung, Fragmente. Übertragen und mit einem Nachwort versehen von Paul M. Laskowsky. it 1057

Götter, Spötter und Verrückte. Antike Anekdoten. Herausgegeben von Gerhard Fink. it 1720

Griechisches Theater. Aischylos: Die Perser. Die Sieben gegen Theben. Sophokles: Antigone. König Ödipus. Elektra. Aristophanes: Die Vögel. Lysistrata. Menander: Das Schiedsgericht. Deutsch von Wolfgang Schadewaldt. it 721

Homer: Ilias. Neue Übertragung von Wolfgang Schadewaldt. Mit antiken Vasenbildern. it 153

Ilias. Odyssee. In der Übertragung von Johann Heinrich Voß. it 1204

Longus: Daphnis und Chloë. Ein antiker Liebesroman. Aus dem Griechischen übersetzt und mit einem Nachwort von Arno Mauersberger. Mit Illustrationen der »Edition du Régent«. it 136

Marc Aurel: Selbstbetrachtungen. Aus dem Lateinischen von Otto Kiefer. Mit einem Vorwort von Klaus Sallmann. it 1374

Ovid: Liebeskunst. Nach der Übersetzung von W. Hertzberg. Bearbeitet von Franz Burger-München. Mit Abbildungen nach etruskischen Wandmalereien. it 164

– Metamorphosen. In der Übertragung von Johann Heinrich Voß. Mit den Radierungen von Pablo Picasso und einem Nachwort von Bernhard Kytzler. it 1237

174/1/12.95